U0178692

Fossils
A Photographic Field Guide

化石

——远古的馈赠

[英] 克里斯·佩兰特 海伦·佩兰特 著
廖俊棋 胡晗 译

生活·讀書·新知 三联书店

图书在版编目（CIP）数据

化石：远古的馈赠／（英）克里斯 · 佩兰特，（英）海伦 · 佩兰特著；
廖俊棋，胡晗译. —北京：生活 · 读书 · 新知三联书店，2020.6
（彩图新知）
ISBN 978－7－108－06687－9

Ⅰ. ①化…　Ⅱ. ①克… ②海… ③廖… ④胡…　Ⅲ. ①化石－普及读物
Ⅳ. ① Q911.2-49

中国版本图书馆 CIP 数据核字（2019）第 181361 号

责任编辑　曹明明
装帧设计　康　健
责任校对　陈　明
责任印制　徐　方
出版发行　生活 · 讀書 · 新知　三联书店
（北京市东城区美术馆东街 22 号 100010）
图 字 号　01-2018-4889
网　　址　www.sdxjpc.com
经　　销　新华书店
印　　刷　北京图文天地制版印刷有限公司
版　　次　2020 年 6 月北京第 1 版
2020 年 6 月北京第 1 次印刷
开　　本　720 毫米 × 1015 毫米　1/16　印张 17.5
字　　数　83 千字　图 241 幅
印　　数　0,001－6,000 册
定　　价　88.00 元
（印装查询：01064002715；邮购查询：01084010542）

推荐序

化石，是通往过去的钥匙。如果说地层那一层一层的记录是日记本的书页，化石就是书写于其中的详尽文字和精美插图。想要读懂地球过往所留下的这本宏伟日记，学习用生命史篆刻的语言尤为重要，因此读懂化石就是了解地球生命史的重要关键。

本书就像是为生命史作批注的字典一般，分门别类地介绍了丰富多样的化石并搭配琳琅满目的精美图片，让人一目了然不同化石的特征以及演化的历程。本书最初的定位是工具书，让人们可以携带该手册来辨别野外捡到的化石。但该书作者是英国人，书籍中的化石自然是以欧美为中心，在翻译上甚至会出现书中提及“广为人知”“常极为见”的化石种类在漫长的研究史中完全没有中文翻译的困窘情况，不过这些都不影响这本书的精彩和可读性。

化石，听起来是如此高级精致，也离我们如此遥远，似乎只在博物馆这个孤高的象牙塔中才能见到，而大家说到化石第一时间想到的必定也是霸王龙、马门溪龙这类“帝王将相”吧！但事实并非如此，只要找对地层，郊区小山坡的岩石露头上都可能蕴含了丰富化石，只是我们往往擦身而过，却不自知。通过本书，我们会认识到地球的过去除了恐龙还有许多精彩的生命篇章，也培养我们辨认化石的涵养。也许下次你经过后山时会突然为了某个岩石而驻足，会想起书中的篇章，发现是某种珊瑚、贝壳、鱼鳞甚至三叶虫在倾诉着过往的种种。

本书更是一个游历指南，看遍各国的风景和名胜古迹，但没想过用找寻化石的角度来参观这些国家吧？本书的详尽介绍和精美图片，彷佛能带领你徜徉在生命史遗留下的玄妙迷宫中，赶快翻开下一页，让我们开启这场神秘的时空探索旅程吧！

廖俊棋，胡晗

2020年3月23日

目 录

绪 言

何为化石？

人们往往觉得化石就是植物和动物石化后的遗体，但其实在漫长的地球历史中，岩石里还同样封存了远古生物所留下的其他痕迹。

从字面看来，“化石”其实就是一切“石化了的东西”。从科学研究的角度看来，“化石”的定义应该更加宽泛。10多亿年前原始藻类的蛛丝马迹，侏罗纪软体动物硅化的壳体，石炭纪煤层中蕨类植物精美的黑色碳质印痕，新生代波罗的海琥珀中困住的整只昆虫，以及白垩纪一只恐龙

含铁沉积物中的大量双壳类壳体。这一石化的“双壳标本大集锦”经过风化剥蚀，暴露出各个壳体的横切面

昆斯泰特菊石（*Quenstedtoceras*），带有金属光泽的原生壳得以保存

在泥泞中奔跑留下的足迹，这些都应该被归入“化石”的行列之中。地球生物留在岩石中的一切痕迹——或许这是对“化石”这一概念比较适当的定义。不过在距今时代很近的沉积物中，这一定义可能和考古遗存有所重叠。一般而言，石器、陶器、钱币以及其他人工制品不被归入化石之中，而是属于考古学家的研究范畴。

作为地质学的分支之一，古生物学是专门研究化石的学科。有些古生物学家试图探寻古老的生物群落如何生存变迁；有些则将化石和地层信息进行关联，从而确定地层的层序；还有些则致力于利用化石记录揭开生物演化的谜题。

尽管化学组成早已改变，我们仍应谨记化石归根结底依然是生物变化而来。无论从哪个角度出发，古生物学都依然是研究自然历史的科学。正因如此，化石的命名和分类都应遵循生物学命名和分类的规则，但由此也产生了一些不可避免的问题。

生物学意义上“物种”的划定相对容易，可以进行重复检验，也可以使用基因技术进行确认。化石则通常是死

琥珀中的昆虫。有些化石保存得十分完美，比如这些封存在琥珀中的完整虫体

波特兰海螺（*Aptyxiella*）。这些腹足动物的外壳已经分解消失，只在周围的岩石上留下了印痕，有些个体还保存有内部铸模

去已久的动植物碎片，因此化石“种”显然更加难以确立。基因或环境影响可能使同一种的不同个体产生差异，而这所谓的“种内差异”曾一度为人们所忽视。与此同时，从出生到死亡，同一个体在发育进程中也会发生身体结构的变化。这一变化在很多动物中都能观察到，比如节肢动物会在成长过程中不断蜕皮，脊椎动物一生中骨骼形态的变化也蔚为可观。由于化石证据的碎片性，研究者很难确定观察到的形态差异究竟是来自真正的种间差异，还是种内差异或个体发育造成的假象。只有当发现了大量可能为同一种的化石标本时，以上不同来源的差异才可能被全面衡量，一个禁得起推敲的化石种才能得以建立。

化石的形成

只有极少数的生命体能够最终保存为化石。植物或动物死亡之后，遗体可能直接腐烂分解，可能成为食腐动物的盘中餐，也可能在风化作用下烟消云散。只有被沉积物覆盖掩埋，它们才有一线希望得以保存为化石。海洋沉积物更容易在海床上堆积成岩，因此海洋生物较陆生生物更容易形成化石。此外，生命体具有硬体部分，也是形成化石的有利条件——在被沉积物封存起来之前，硬体部分往往能够保存更久而不被分解或侵蚀。

研究生命体死亡后如何变为化石的学科称为埋藏学。想要变成化石，生命体的残余部分就必须与周围环境达到化学平衡。沉积物变为沉积岩的过程称为成岩作用，其中会发生一系列化学和物理性质的变化。在覆盖生命体的沉积物发生这一变化的过程中，组成软体动物壳体的碳酸钙很可能不幸被分解而消失无踪。化石还有可能是为沉积物填充而保留下来的铸模，比如软体动物的壳体或恐龙足迹所留下的印痕。对于这种印痕或铸模化石而言，其实并没有真正的生物身体部分得以保存。埋藏在地层中的钙质壳体在漫长的岁月里不断溶解、消失，留下的空洞为围岩中的矿物质所填充，最终就可能会“复刻”出一个原始壳体的铸模化石。

光滑三角蛤（*Laevitrigonia*）。这一双壳类的外壳已经完全溶解，仅留下铸模化石，但仍揭示出其身体结构中铰合齿和肌痕等诸多细节

即使是生物体的自身结构所形成的化石，其组成成分也与原始的壳体和骨骼大相径庭。有时化石会发生化学置换，比如组成珊瑚和软体动物壳体的碳酸钙可能会被在地下更为稳定的其他矿物质所替换，如此一来便形成了这些生命体的完美“替换品”——能够在地下环境中长久留存的化石。能够置换壳体中碳酸钙的矿物包括黄铁矿、石英、赤铁矿等，这一置换过程便是化石的“石化”过程。大部分植物化石都像是贴在岩石表面的精美图画，它们富含碳质且极其脆弱。碳是存在于所有生命体中的基本元素，而在植物变成化石的过程中，往往只有碳质能够得以保存。当中空的树干枝杈被泥沙等沉积物填满时，它们还可能最终形成立体保存的植物化石。莱尼燧石层（Rhynie chert）发现于英国苏格兰的格兰扁（Grampian）地区，其中就产出大量硅化的、立体保存的植物化石。

如果掩埋生物体的沉积物颗粒十分细腻，可能会诞生

这块石炭纪的珊瑚化石中的碳酸钙已经被赤铁矿所置换，而内部的隔板却依然清晰可见

欧泊化的树化石。欧泊是成分为二氧化硅的中档宝石，它置换了这块树干的原有组织，但其上的年轮依然隐约可见

一些保存非常完美的化石。德国索伦霍芬（Solnhofen）地区的石灰岩，以及加拿大不列颠哥伦比亚境内的布尔吉斯页岩（Burgess shale）就是两个典型案例：精美的羽毛印痕在索伦霍芬得以保存，布尔吉斯页岩中则发现了寒武纪海洋中各种奇异动物的软体部分。

关于生物体有机部分和精细结构在化石中的保存，我们还能找到很多例子，比如琥珀中的昆虫：松树分泌出的树脂一不小心困住了昆虫，最终一并变成了琥珀。陷入冻土层或沥青坑中的大型动物所形成的化石也是另一经典案例。相关例子将在本书其他章节进行详细介绍。

化石的命名与分类

化石的本质依然是生物体，因此对其命名应当遵循生物学的命名规则。18世纪，瑞典博物学家卡尔·林奈（Carolus Linnaeus）建立起这一命名法则。在对动植物进行分类时，林奈发现同一物种在不同语言中有着各式不同的名字，很容易混淆，他最终选择拉丁语建立了新的生物命名体系，并沿用至今。在这一体系中，每个物种的学名都由两部分组成：属名在前，种名在后，有时会在后面加上亚种名。在书写时，物种的拉丁名必须以斜体表示，属名第一个字母应大写。对于化石来说，鉴定到属级分类单位较为稳定，因此本书图片中的化石均仅附属名。

那么如何对生物进行分类？答案是将相似的生物体归入一类，再将宽泛的大类一级级细分成小类，直至到达种一级。下面我们用一个化石的例子来说明这一分类体系是如何运作的。普通指菊石（*Dactylioceras commune*）是一种最常见也最广为人知的菊石，“指菊石”*Dactylioceras* 是它的属名，“普通”*commune* 则是它的种名。这种菊石产出于侏罗纪早期的海相沉积岩中，在世界各地均有发现。在指菊石这一属中，还有着其他一系列形态相似、彼此间差异又足以划归为不同种的多个成员，细肋指菊石（*Dactylioceras tenuicostatum*）即是其中之一，它还是侏

石英填充的菊石。切开这块菊石，我们可以看到其气室中细小的石英晶体

罗纪早期地层重要的指示性化石。所有指菊石属的成员都属于始颈菊石超科（Eoderocerataceae），而这一超科又和其他超科一起组成了菊石目（Ammonitida）。菊石和乌贼以及章鱼的亲缘关系相对较近，它们又共同组成了头足纲（Cephalopoda）。随着囊括范围的扩大，分类等级的升高，菊石又可以和鹦鹉螺、贝类和蜗牛等一同归入软体动物门（Mollusca）之中。继续上溯的话，我们可以一直上升至动物界（Animalia）的分类层级。

如果你无法确定一件化石的名称，那么可以将它带去附近的博物馆或者大学的地质学系，会有专业学者为你答疑解惑。不过在此之前，你最好养成记录标本发现地点的习惯，这一信息将对鉴定颇有裨益。

由于形态相似且生活时间一致，这两块侏罗纪早期的菊石被归入了同一属中。与此同时，基于二者间的些许细微差异，它们又分属于不同的种。
细肋指菊石（左），具有相对更加纤细的横肋。
普通指菊石（右），其种名 *commune* 即“普通”的意思，细肋指菊石的种名 *tenuicostatum* 即纤细的横肋。在神话传说中，菊石由于卷曲的形状被认为是由蛇石化而来，于是人们给这块普通指菊石雕上了一个蛇头

化石之用

化石是地质学家眼里的珍宝，它们可以用来探寻地球发展的历史，也可以用来一窥地质历史时期各地环境的原貌。

利用化石研究古环境及其变迁的学科称为古生态学。均变论是地质学包括古生态学研究的基础理论之一，由查尔斯·莱伊尔（Charles Lyell）爵士提出。查尔斯·莱伊尔出生于英国苏格兰的安格斯地区，毕业于牛津大学。他于1830年至1833年间出版了巨著《地质学原理》（*Principles of Geology*），其中首次提及了均变论这一重要理论。均变论认为地质历史上发生过的和当今正在发生的地质作用没有本质的区别，因此通过研究现在能够观察到的地质现象，可以反推地球上曾经发生过的地质故事。著名的格言“现在是通往过去的钥匙”即出自此书，同时也诠释了均变论的精髓。这一研究方法被广泛运用，但随着上溯时代越来越久远，其适用性也会逐渐降低。地球刚刚孕育出来时，其内部温度远远高于现在我们所熟识的这一星体。除了温度，早期海洋和大气圈的化学组成也与现在大为不同，比如在绿色植物繁盛之前，地球大气中的氧气含量微乎其微。

通过对比现生近缘物种的生活习性，研究者可以推测古生代和中生代化石物种的生活环境，从而重建起详细的古地理信息。由于人们发现的绝大部分化石都是海洋生物，海洋环境的重建可谓是古生物学家研究的重头戏。简单来说，如果一块岩石中发现有珊瑚、腕足动物、棘皮动物和某些软体动物的化石，那么显然它极有可能沉积于海底。通过详细对比化石和现生证据，研究者便能够尝试恢复地球环境的变迁历程。北美和欧洲石炭纪早期的珊瑚在诸多方面都和当今热带地区的珊瑚颇为相似，因此我们有理由推测当时的北美和欧洲为一片温暖的浅海所覆盖，其中生活着这些美丽的生物。对英国南部普贝克层（Purbeck beds）中产出的化石进行的研究也是精细重建古环境的经典案例。普贝克层处于侏罗纪－白垩纪交界处，由滨海潟湖中沉积的薄层泥页岩和石灰岩交错形成。有些层位中含有介形类和藻类的化石，可能形成于潟湖蒸发使得水体盐度升高之时；有些层位中含有珠蚌（*Unio*）和田螺（*Viviparus*）等双壳类和腹足类，指示已有海水漫入形成含盐的水体环境；另一些层位则出现了半头帕海胆（*Hemicidaris*）等海胆和牡蛎，意味着海洋环境的最终形成。与此同时，其他沉积层上保存下来的恐龙脚印又证明了某些时期极为浅水甚至陆地环境的存在。

地层学是地质学的又一分支学科，主要工作是将地层从老到新排列成在世界各地都能进行比对的序列，而化石对于这一学科的重要性早在19世纪初就已现出端倪。威廉·史密斯（William Smith）是一位英国的水利工程师，他在1816年出版的《化石与地层》（*Strata Identified by Organised Fossils*）中，向人们介绍了如何通过所含化石对不同地点的地层进行对比。并不是所有的化石都具有如此高的指示意义，这些能够进行地层确定的化石被称为带化石（Zone fossils），有时一些小的地质时期还会根据这些化石来命名。带化石必须是延续时间很短的物种，化石记录仅在地层序列中短暂出现。为了能够在不同地点间进行比

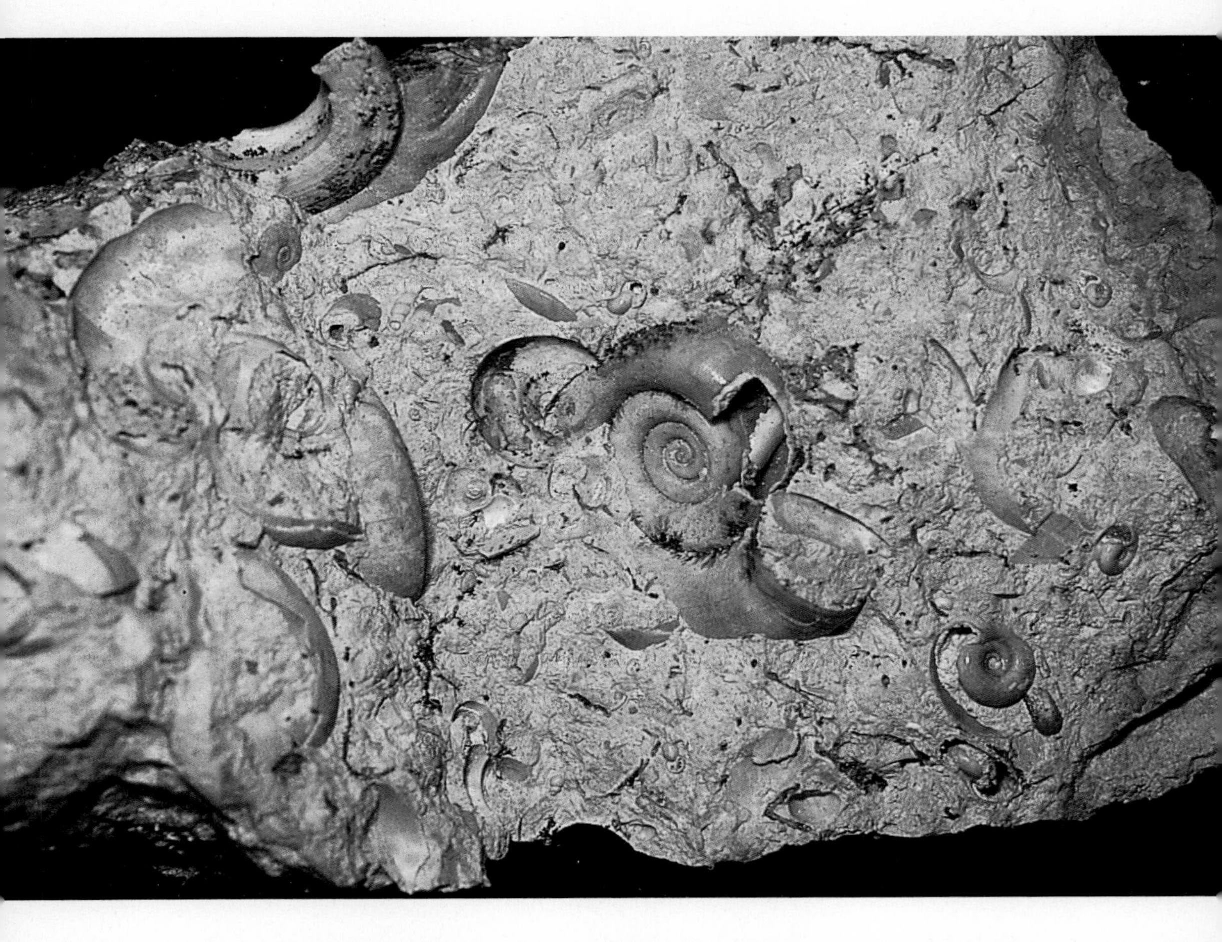

淡水环境下沉积的石灰岩。现存的腹足类扁卷螺（*Planorbis*）仅生活在淡水中，因此当发现这块可以与之归入同一属的扁卷螺化石时，我们可以推测其沉积环境应当也是淡水环境

对，它们还必须具有广泛的分布范围，因此能够进行远洋游泳的海洋生物往往是理想的选择对象。此外作为带化石，具有硬体部分、易于鉴定的常见化石，又显然优于只有软体的珍稀化石。相对地质年龄主要由带化石如笔石和菊石进行划分，而绝对地质年龄则只能依据同位素测年技术来确定。

想要了解生物演化及其被基因突变和灭绝事件驱动的过程，化石是一把不可或缺的钥匙。有些物种活过了漫长的地史时期，甚至在上亿年里几乎没有丝毫改变；有些物种则在地质历史中转瞬即逝，很快就被其他物种所替代而灭绝。如果某一种化石发现有大量个体，那么人们常常发现它们既共有一些典型形态，又各自有一些个体间的微小差异比如体型差异。这些差异赋予了一些个体对于某些特定环境更强的适应能力，甚至最终能够从中孕育出新的物种。在从老到新的地层中对一组化石记录进行细致的追索，能够为我们揭示出物种究竟是如何随着时间流逝而不断演变的过程。在漫长的演化史中，生物有时会突然发生辐射性演化，在短时间内诞生出大量丰富的物种。寒武纪早期即发生过这样的物种大爆发事件，其原因可能是这一时期大气和海洋中氧气的含量首次达到了适宜生物生存的浓度。除了不断地形成新种，地球也在不断见证着物种的灭绝，为我们留下了各种突然中断的化石记录。白垩纪末大灭绝是最令人瞩目的生物灭绝事件之一。正是在这次灾难中，非鸟恐龙彻底从地球上销声匿迹，与它同时消失的还有包括菊石在内的绝大多数海洋无脊椎动物。进入新生代以后的化石面貌几乎焕然一新，在白垩纪末大灭绝中幸存下来的哺乳动物逐渐成为新一代的陆上霸主。

对笔石（*Didymograptus*）。笔石是很好的带化石，它们随着洋流漂到世界各处，在古生代的深水沉积物中随处可见

化石的载体

地质学家将岩石划分为三大类：岩浆岩、沉积岩和变质岩。岩浆岩由岩浆喷出地表凝固而成，或在地下冷却而成。变质岩由原岩在高温高压作用下发生物理化学性质的改变而产生。通常在岩浆岩和变质岩中不会发现化石标本，不过火山灰落入湖泊可以覆盖保存水体中的生物遗体，变质程度极低的变质岩如板岩中有时也可能会发现严重变形的化石。相比之下，沉积岩则是地球岩石圈中保存化石记录的“大户”。

沉积岩由淤泥、沙砾等一层层叠覆而形成，因此具有特殊的“层理构造”，使其易于与另外两大类岩石进行区分。尽管有些变质岩中也可能出现层状结构，如板岩的劈理，但与沉积岩的层理构造有着明显的不同。前者是矿物定向排列而形成的平行薄片状结构；后者中的每一层则代表了不同的沉积环境：海相沉积层，湖泊河流沉积层，抑或是陆相沉积层。

沉积岩又可以依据物质来源和形成过程进一步细分，通常划分为三大类。一类称之为碎屑沉积岩，包括砂岩、砾岩、角砾岩、泥岩和页岩等。原始的岩石经过破碎、侵蚀、风化变成碎屑，为河流搬运后在湖泊海洋中沉积下来，最终形成的即是碎屑岩。在不同时代和沉积环境的碎屑岩中，我们会发现不同类型的化石标本。陆相的砂岩和页岩中，植物和脊椎动物化石较为常见；海相的页岩和泥岩中，则富含节肢动物和软体动物的化石。如果岩石颗粒足够细腻，化石的细节都能保存得栩栩如生。

生物沉积岩一如其名，主要由动植物等有机体沉积而来。通常此类岩石中的化石都十分破碎，但有时也能找到保存十分完美的标本。海百合和珊瑚等被富含碳酸钙的淤泥覆盖后即可能形成生物沉积岩，有时还会发现满是腹足动物壳体甚至菊石的生物沉积而来的石灰岩。由于它们的多孔渗水性，水分无法滞留在岩石表面，这些灰白色的岩石往往会形成独特的地貌景观。

最后一种是化学作用形成的化学沉积岩。鲕状灰岩是一种典型的化学沉积岩，由很多称为“鲕粒”的小颗粒组成。鲕粒的中心往往是细小的生物碎屑或沙砾，向外一层层沉淀有碳酸钙，通常直径只有一两毫米。现在的鲕状灰岩一般形成于浅海地带，其中常常发现丰富的珊瑚、腕足动物、软体动物和棘皮动物等化石记录。

“层理构造”能够帮助我们一眼识别出沉积岩，图中即是一处白色石灰岩覆盖在红色石灰岩上形成的明显层理构造，位于英国诺福克郡（Norfolk）

踏上化石之旅

在出发去寻觅这些远古的馈赠之前，必要的准备能让你事半功倍。为了找到令人惊叹的精美化石，行前的研究工作是成功的第一步。首先，指导书和地质图能够为你提供很多化石点的详细信息。乍看地质图可能有点复杂，但其实它清晰地展现出了岩石在地表的出露和地下的分布情况。地质图上的不同岩石类型会以不同颜色加以标识，但岩层的出露点上往往建起了城镇建筑导致无法采集。如果你深入研究一下地质图，还是能够找到某一岩层真正暴露出来的位置，譬如它与河谷或海岸的交点。修公路、挖地基、铺管道，这些人为造成的岩层暴露点对于采集化石也非常有利。当然，在进入私人领地之前你必须获得许可，在危险地段如可能有落石的悬崖附近你要十分谨慎。

在野外进行挖掘时，我们要时刻记住适可而止这一原则。地质锤只是用来敲开已有缝隙的岩石，而不应用于强行打开毫无裂隙的大石块。在采集到化石之后，对化石的保护工作也不能马虎：应当将化石用泡沫纸包好，小心放入标本袋。与此同时，你还应当记录下每件标本的产地和采集日期，如果可能的话最好加上采集点的素描图，这些记录都将为鉴定提供宝贵的信息。在对某件化石标本进行科学研究时，原始产地的详细信息往往意义重大。

采集来的化石必须经过清理、鉴定后妥善保存。大部分标本周围都包裹着围岩或泥土，强行去除过多的围岩有时会伤到化石，可以用牙刷或画刷清除掉周围松散的泥土。你还可以开动脑筋，尝试使用小螺丝刀、刀片等常见的工具进行清理。化石有时可以使用蒸馏水进行清洗，但如果要使用其他液体的话，就得多加小心了。稀释过的盐酸可以用来去除石灰质的围岩，但同时也会破坏掉其组成为碳酸钙的化石成分。精美的化石具有展示价值，但如果直接暴露在空气中可能会有积尘，因此最好使用玻璃罩来进行展出。对于大量的化石收藏而言，使用结实的金属或木质展示柜不失为明智之举，但要注意防止标本与标本间可能发生的蹭伤。

封印木（*Sigillaria*）是一种巨大的石松类植物，这块化石保存了完整的树干基部和部分根系

地质年代表

地质学家眼中的时间分两种：一种是由化石记录划分的相对时间，另一种是由同位素测年确定的绝对时间。

相对地质年代：对岩石圈中的岩石按新老顺序加以排列，形成了相对地质年代序列以便于使用，划分依据是主要的地质事件和化石变化。不整合面的出现代表着地质记录的间断，不同代或纪之间的界限往往就由不整合面或其他明显变化所标定。在不整合面附近的地层可能经历了褶皱抬升、风化剥蚀以及新一轮的沉积，又或者出现了一次沉积的间断。剥蚀面或其他间断标识能够帮助我们确定不整合的存在，根据这些蛛丝马迹，我们可以猜测在遥远的地史时期里这些地层到底发生了怎样的变迁。

侏罗纪早期形成的页岩和石灰岩互层现象，位于英国萨默塞特郡（Somerset）

现今广泛使用的地质年代表雏形初现于19世纪，由一群地质学家通力合作制成。大部分代和纪在那时就已被命名，取名依据多种多样，大部分来自英国。“代”的名称都易于理解，古生代、中生代和新生代分别意味着“古老的”“中间的”和“新近的”。“纪”的名字则有些晦涩不清：寒武纪的名称源于英国威尔士地区（Wales）的古代地名，该地是寒武纪研究的最早开始地点；奥陶纪和志留纪源于曾生活在威尔士及周边地区的两个古老部落；泥盆纪源于英国德文郡[1]，同样因为这是它的最早研究地点；石炭纪的命名是因为这一时期的地层中含有大量的碳质能源——煤；二叠纪源于俄罗斯的一处州名[2]；三叠纪的命名是因为其在德国典型产地的地层明显分为了三部分；侏罗纪源于法国境内的侏罗山；白垩纪则由于其中大量产出白色细腻的石灰岩，而其在希腊语中被称为“creta”，即白垩。“代”和“纪”等是地质年代学的单位，而“系”等则是相应时代的岩石地层单位，比如我们可以说：侏罗系的岩层形成于侏罗纪时代。

所有的地质年代表最底部都是“前寒武纪”，它并不是一个代或纪，而是代表寒武纪开始前的漫长时间。基于同位素测年证据和地层学信息，前寒武纪内部也有一些划分。地质学家们在2004年建立起了前寒武纪末期的新元古代，包括主要由化石证据而划分出的埃迪卡拉纪（Ediacaran period）[3]，其中著名的埃迪卡拉动物群(Ediacaran fossil)得名于澳大利亚南部的埃迪卡拉山(Ediacaran Hills)，动物群中发现有大量的藻类和非常原始的早期动物。相似的早期动物组合随后在俄罗斯、纳米比亚和英国中部亦有发现。

绝对地质年代：绝对年代由确切的年龄数字和单位Ma（百万年）表示。测定岩石的绝对年龄理论上很简单，但具体操作起来涉及原子水平的复杂运算和精准测量。某些岩石形成时所含的矿物具有一定的放射性，如花岗岩中常

[1] 德文郡英文为Devon，而泥盆纪英文为Devonian。我国很多早期的地质名词都沿用日语翻译而来，在日语中Devon与“泥盆”音近，因此将其翻译为“泥盆纪”。——译者注

[2] 二叠纪的英文名称Permian源自俄罗斯州名（彼尔姆），但中文译为“二叠”可能是因为这一时期的地层在德国分为明显的两层，而并非音译。——译者注

[3] 埃迪卡拉纪在中国常称为“震旦纪”。——译者注

地质年代简表[1]

代	纪	世	年龄（百万年）
新生代	第四纪	全新世（至现代）	自 0.01
		更新世	1.8—0.01
	新近纪[2]	上新世	5.3—1.8
		中新世	23—5.3
	古近纪	渐新世	34—23
		始新世	56—34
		古新世	65—56
中生代	白垩纪		142—65
	侏罗纪		206—142
	三叠纪		248—206
古生代	二叠纪		290—248
	石炭纪		354—290
	泥盆纪		417—354
	志留纪		443—417
	奥陶纪		495—443
	寒武纪		545—495
前寒武纪			4500—545

[1] 此处地质年代表较为简略，定年信息也较为滞后，读者可前往国际地层委员会网站 http://www.stratigraphy.org/index.php/ics-chart-timescale，下载最新版本地质年代表。——译者注

[2] 原文新近纪在更新世一栏，鉴于目前更新世和全新世一并归入第四纪，此处将新近纪下移至上新世与中新世一栏，并补充第四纪。——译者注

见的矿物长石往往带有放射性元素钾。另一种放射性元素铷在岩浆岩中也颇为常见。放射性元素在自然界中会自动放射出射线，从而最终衰变为另一种更加稳定的元素，称为子体同位素。由于我们能够精确测量同位素的衰变速度，如果能够测量出岩石样本中子体同位素的含量，理论上我们就能计算出母体同位素开始衰变的起始时间，也就是含放射性同位素的矿物被岩石捕获时的时间，即岩石的绝对年龄。

话虽如此，这一测年方法依然存在着问题。例如，钾的衰变产物是氩，而氩通常以气体形式存在，这就意味着它可能从岩石中逃逸出去，造成岩石中氩的测量值偏低，从而导致对其绝对年龄的低估。此外，同位素测年方法仅适用于一些特定的岩石类型。岩浆岩和部分变质岩都较为合适，因为它们捕获放射性元素的时间就是自身结晶形成时的真实时间。沉积岩则无法采用此种技术，因为沉积岩中往往不含这些放射性元素，同时由于它是由原岩侵蚀风化而来，其中找到的放射性元素也很可能来自这些年龄更老的原岩。综合同位素测年的结果，相对地质年代的框架，以及其他计算方法获取的年龄信息，人类终于开始揭开地质年代的神秘面纱。

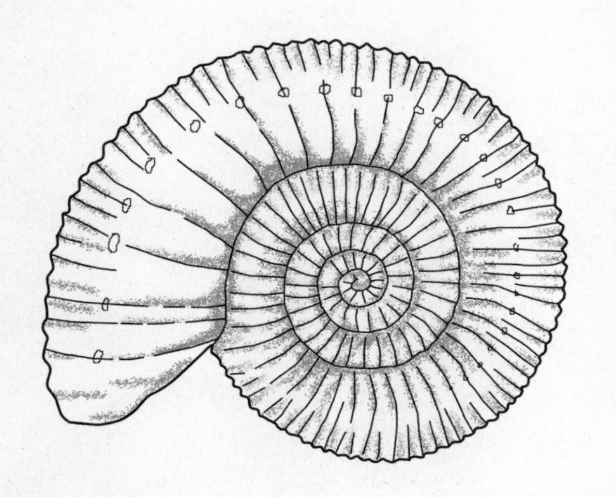

一　植物化石

植物组织尤其像是一些叶片及花朵都很脆弱，再加上它们大都生活在陆地上，导致化石保存非常稀少。植物的化石常常会变成一层碳质薄膜覆盖在地层表面，这也是植物组织唯一残留的物质。然而在一些特殊的案例中，还能找到立体保存的植物叶片化石，像是美国伊利诺伊州的马逊溪谷（Mazon Creek）化石点。大型植物的枝干常会被二氧化硅（石英或蛋白石）填充甚至置换而形成精美的化石，而花粉也能借此方式保存下来，但这需要进一步用显微镜才能辨识。由于陆地上存在更多的侵蚀与风化，所以即便植物化石早已被沉积物覆盖，这层层保护还是很容易消失。植物死亡时也常会支离破碎，因此根、茎、叶可能在不同地方形成化石，有时甚至会因此将同一植物的不同部位取了不同的名字。

威廉姆逊苏铁（*Williamsonia*），一种侏罗纪常见的植物。图片经过放大处理，取自英国北约克郡（North Yorkshire）

最早的植物化石是藻类，保存在前寒武纪的岩石中。这些藻类所形成的叠层石非常重要，它们率先释放氧气到地球的原始大气圈中。早期的地球非常单调，没有今日我们常见的鲜艳植物色彩点缀其中。简单的维管束植物起源于志留纪，但一直要到泥盆纪陆地上才开始绿意盎然。而今那些储藏丰富的煤炭则形成于石炭纪的广袤森林，它们不仅促成了 19 世纪的工业革命，也为我们今日的能源发电提供了至关重要的原料。花朵在化石记录中出现得相对要晚一些，一直到中生代晚期才有其踪迹。花朵的出现有两个重要意义：一是花朵之间的相互授粉让不同品种间的组合化为可能；二是花粉和花蜜是昆虫的食物，因此花朵的出现也加剧了昆虫的演化。现今我们所能看到的植物则大多起源于新生代。

植物化石对古地理环境的重建非常有帮助。植物根据它们所居住的地方会有不同的特化以适应环境，尤其针对气候更为敏感。借助将植物化石与现代的品系进行比较，我们就有可能推断出往昔的气候条件。使用植物化石探讨气候变迁时，一些最详尽的研究成果就是由冰期和后冰期的孢粉沉积得出。孢粉是非常耐久的物质，通过不同的孢粉颗粒能够辨认出各种植物。这些孢粉能从泥炭或是一些其他沉积中提取出来，并在显微镜下进行观察。有些植物会在寒冷的气候条件下消失，并在气候缓和的间冰期或是如今这样的后冰期才又复苏。

管孔藻（Ⅰ）［SOLENOPORA（Ⅰ）］

这是一种由藻类分泌的孔管所构成的化石，形状多孔且细长。这些管道为石灰质且分支，时常呈现Y形结构。这种藻类能在珊瑚礁的沉积中找到，同时找到的往往还有一些其他化石如苔藓虫。这些苔藓虫会聚集起来形成大小适中的沉积物，协助珊瑚礁的建造。

体型大小：孔管非常小，下页图所见的视野大约5厘米。

时空分布：这种管孔藻广布于世界各地从奥陶纪到侏罗纪的岩石中，图中的物种来自挪威南部的奥陶纪地层。

化石故事：这种藻类有两种形态，二者构造差异非常大，一种是有分支的孔管，另一种则是由碳酸钙形成的带状小丘。这种藻类在食物链中扮演着重要的角色，可以为其他海洋生物提供食物及避难所，此外它们还居住在较浅的水域中，利用阳光进行光合作用释放氧气。藻类的组织不容

易形成化石，因此它们死亡后往往消失得无影无踪，但它们所分泌的碳酸钙结构，却能像图片中那样保存下来。

管孔藻（II）［SOLENOPORA（II）］

体型大小：下页图的种长 12 厘米。

时空分布：管孔藻广布全球，在古生代早期到近代的地层中都有发现。图中所示的这种管孔藻来自英国格洛斯特郡（Gloucestershire）的侏罗纪地层中。

化石故事：侏罗管孔藻（*Solenopora jurassica*）和前面来自挪威的管状种类不同，它是由粉红及白色交替的碳酸钙条带所构成，并在侏罗纪的海床上形成小丘状的结构。进一步的分层检验显示，这些色彩可能与藻类在自然环境中的交替有关。仔细观察我们会发现，多孔的层被低孔隙

度的条带所取代，而这些有颜色的物质多集中在孔隙度低的分层上。孔隙度低的分层是由下降的水流造成，这种水流的作用可能发生在藻类形成层状之后。由于这种管孔藻化石的独特色泽，所以它在美国又被称为“甜菜根石”（beetroot stone）。

叠层石 STROMATOLITES

叠层石是由蓝绿藻所分泌的石灰质所形成的条带状小丘，现今分布的区域已经比较稀少了，不过在澳大利亚西部，这些叠层石依然繁盛于高盐度的咸水之中，这种盐度往往已不适于其他生物生存。这些小丘生活在浅海，有时甚至还会探出海平面。

叠层石的化石可说是最古老的生命证据[1]，甚至能追溯到35亿年前。这些叠层石在前寒武纪非常丰富，并对早期地球环境有着深刻

---

[1] 保存于加拿大魁北克岩石中的微体化石可追溯到42.8亿年前，是目前最早的生命证据。参见Dodd M S，Papineau D，Grenne T，et al. Evidence for early life in Earth's oldest hydrothermal vent precipitates[J]。*Nature*，2017，543(7643):60。——译者注

侏罗纪地层中的叠层石化石，图中可见到弯曲的分层，每一小丘的剖面长约 10 厘米

这个叠层石化石来自苏格兰北部海岸的奥陶纪地层，每一小丘剖面长约 50 厘米

的影响。蓝绿藻，这些形成叠层石的生物们还会产生氧气，随着它们的蓬勃发展，原本不存在于早期地球大气圈中的氧气开始显著增加。最初这些氧气仅将铁转变为如赤铁矿（氧化铁）等矿物质（铁化合物），如今许多富含铁矿的地层就是来自这个时代。随后，氧气的形成不再全然被吸收形成化合物，而是开始有一些被释放到海洋或是大气圈中，成为大气圈不可或缺的一部分，而形成叠层石的蓝绿藻及厌氧细菌也因此被限制在特定的缺氧环境之中。这些藻类会分泌一层石灰质来吸附沉淀物，当它们不断分泌不断吸附一段时间以后，就形成了叠层石的小丘。

顶囊蕨 COOKSONIA

图中这些精巧的植物化石是目前已知化石记录中最早的维管束植物。它强韧的结构让植物能立足于陆地之上，而枝干中则有运输水分的木质部细胞。顶囊蕨纤细的根可以固定住植株，但还没有出现叶子。它的繁殖方式与现今的蕨类植物非常相像。

体型大小：图中标本的视野是 7 厘米。

时空分布：顶囊蕨的化石分布于欧洲、北美洲、南极洲、非洲和亚洲。图中的化石来自英国苏格兰奥克尼（Orkney）的泥盆纪岩石中。

化石故事：在英国什罗普郡（Shropshire）的泥盆纪岩石中发现有顶囊蕨的孢子，这些孢子在成长期间会形成原叶体（prothallus），这是一种同时包含雄性和雌性生殖器官的微小的绿色结构。如果许多孢子在一个小区域内成长，原叶体的集群就会让地面绿意盎然。

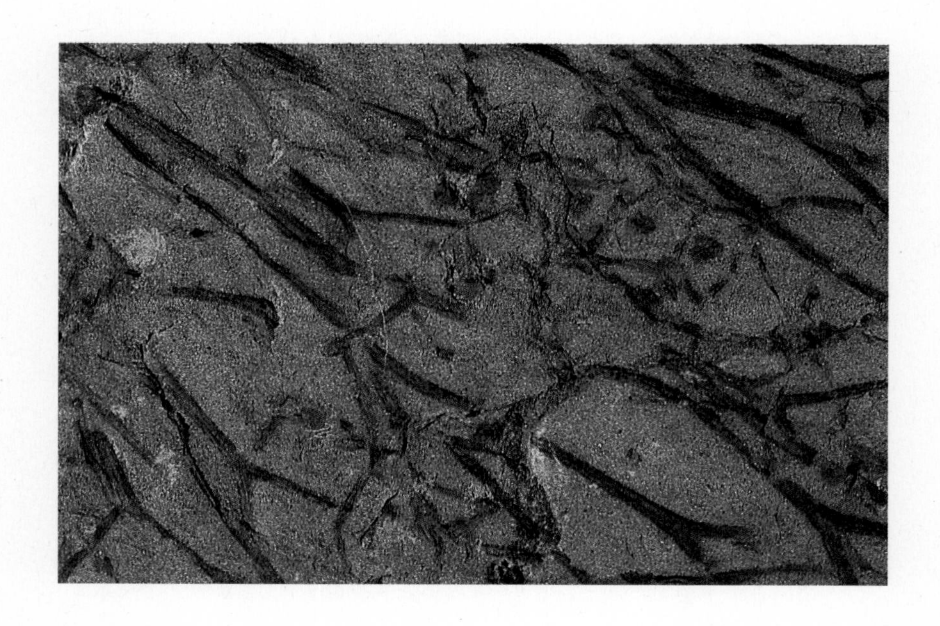

派卡藻 PARKA

另一种适居于陆地的早期植物就是派卡藻，它由圆形的叶状体（thallus）所构成，而叶状体又由许多小而圆的结构所组成。派卡藻跟顶囊蕨一样都是由孢子繁殖，这些孢子由坚韧的表皮所包覆，以保护它们挺过发芽前的艰苦时光。

体型大小：图中化石的直径约 3 厘米。

时空分布：广布于全球的泥盆纪岩石中。图中的化石来自英国苏格兰安格斯（Angus）的泥盆纪岩石中。

脉羊齿 NEUROPTERIS

脉羊齿是一种有名的种子蕨（pteridosperm）植物，在富含煤矿的石炭纪地层中很常见，是种不会开花且近似蕨类的植物，其叶片由许多小叶（leaflets）所组成。在每片小叶之中有许多小而弯曲的叶脉穿过其中，称为中脉（mid-rib）。这种植物的叶片大多单独保存，找到时已从植物本体脱离。

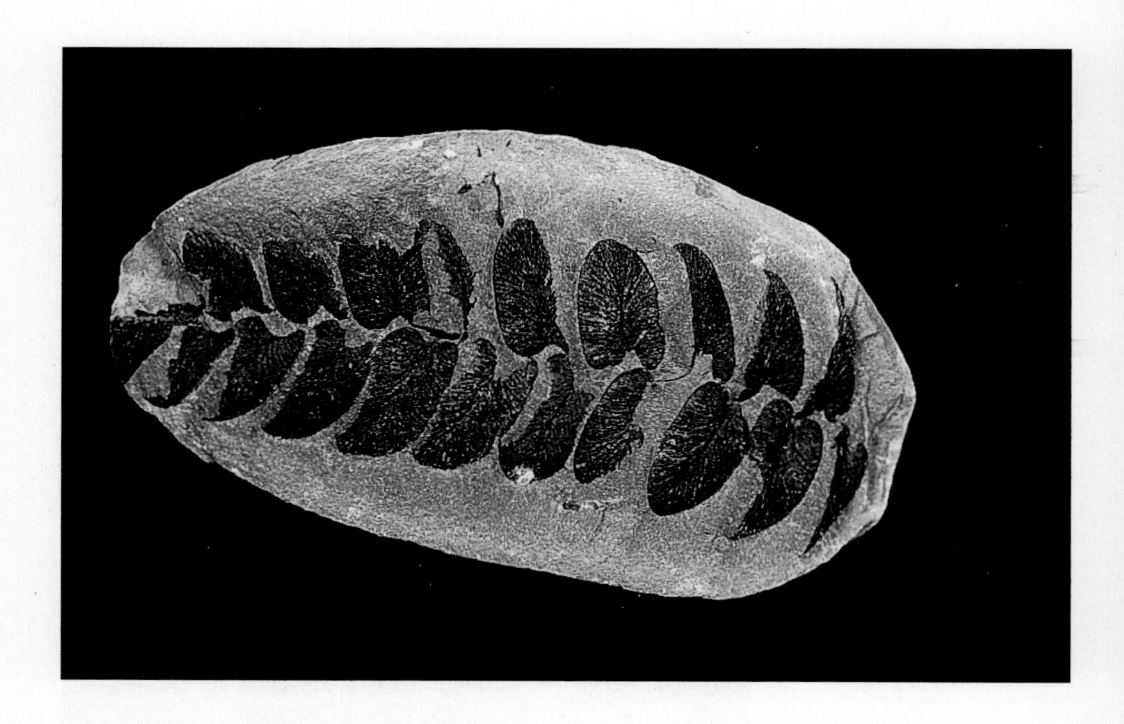

体型大小：图中植物长约 5 厘米。

时空分布：北美及欧洲的石炭纪地层。图中的植物来自英国的兰开夏（Lancashire）地区。

化石故事：种子蕨植物已经完全灭绝，仅可见于化石记录，在整个古生代的晚期极为常见。由于这种植物的构造与蕨类植物相近，早期将其归类为蕨类植物的一种，但进一步研究显示两者有明显的区别，所以将其分成独立的另外一类——种子蕨。

真栉羊齿　EUPECOPTERIS

化石保存于富含铁的结核[1]中，是一种马逊溪谷所产化石典型的保存方式，这些结核包含大量的菱铁矿（碳酸亚铁），植物化石在其中能立体保存，而不是化为一层碳质的薄膜。真栉羊齿是种子蕨的一种，图中的叶子可以看到标志性的中脉以及许多侧生的小叶。

体型大小：图中的化石长约6厘米。

时空分布：北美洲、欧洲及亚洲的石炭纪晚期岩石中。

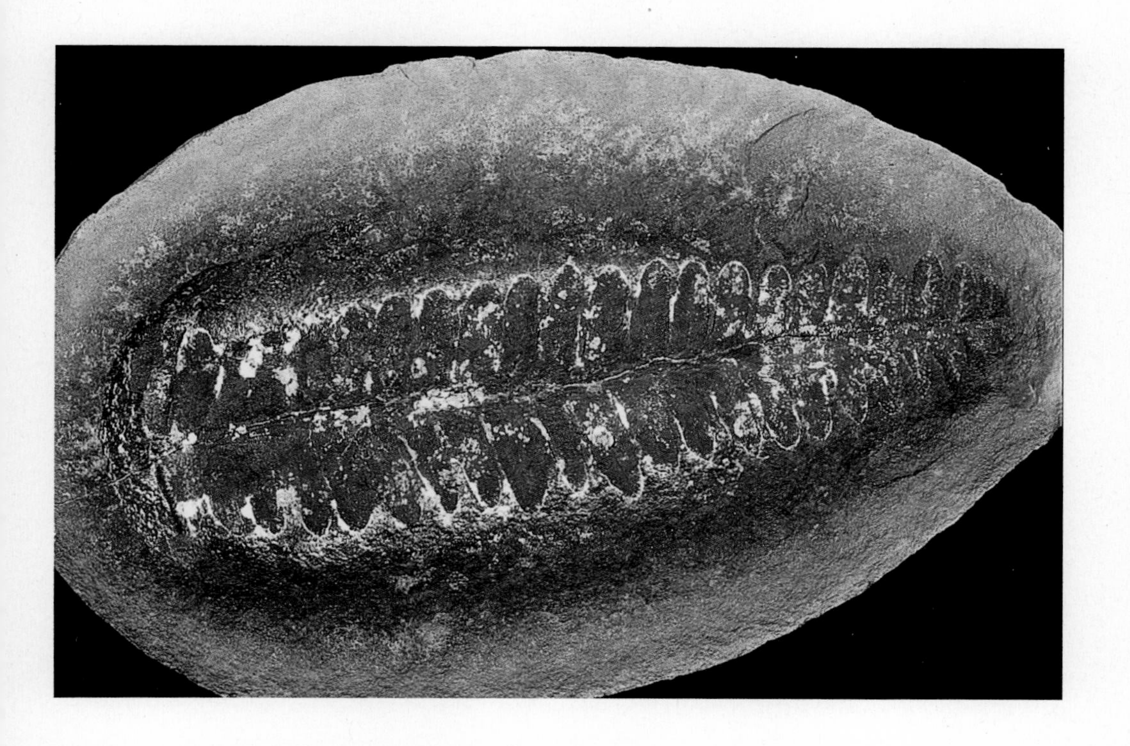

[1] 结核是指在沉积岩中与周围岩石有明显区别的矿物团块。——译者注

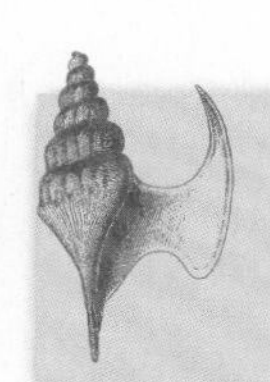

马逊溪谷（MAZON CREEK）

脆弱的植物组织和动物软组织的化石保存记录是非常稀有的，然而在马逊溪谷中却同时保留有这两种化石。美国伊利诺伊州的露天煤矿开采已经行之有年，当地发现有很多宾夕法尼亚世（石炭纪晚期）时期的藏煤岩层，这些煤层被富含铁质结核的页岩覆盖，而精美的动植物化石就藏在这些页岩中。形成原因可能是因为生物体被沉积物埋藏后，这些结核就在其周围迅速成形，也因此软组织得以非常精致的保存下来。马逊溪谷有两种明显不同的沉积环境：海相的及非海相的。非海相的沉积环境中（包括咸水及淡水沉积）保存有350种陆生植物及140种昆虫，其他还有蜈蚣、蜘蛛、马陆、蝎子，甚至还有两栖类、鱼类及甲壳类动物；而海相沉积中则有腔棘鱼、七鳃鳗等鱼类，还有蠕虫、水母和头足类动物。然而奇怪的是，马逊溪谷的动物群中却找不到任何常见的石炭纪化石种类，像是腕足类、海百合或是软体动物。举例来说，著名的“塔利怪物”（*Tullimonstrum*）是一种身体分节且柔软的动物，可能属于某种已灭绝的动物类群[1]，它的化石就只在这里才有；而有些在其他地方可见的植物化石，反而在马逊溪谷显得稀少。

---

[1]目前最新的研究显示，塔利怪物可能是一种脊椎动物。参见Mccoy V. E., Saupe E. E., Lamsdell J.C., et al. The “Tully monster” is a vertebrate[J]. *Nature*, 2016, 532(7600)：496.——译者注

轮叶　ANNULARIA[1]

轮叶是一种木贼（Equisetales）类植物，又称马尾草（horsetails）。木贼至今依然很常见。轮叶在茎上会长出螺旋状的叶片，并会从节点分出许多枝干。这些叶片扁平而脆弱，通常是细长形并有圆润的尖端，而连接茎干的部分则会连接在一起形成一点。

体型大小：一圈轮叶直径可达 5 厘米。

时空分布：轮叶广布于全球石炭纪晚期和二叠纪的地层中，尤其在石炭纪的煤层中特别常见。

化石故事：轮叶这种带有球果的植物发现的大多是各

[1] 此处所描述的轮叶（*Annularia*）是一种蕨类植物，被子植物中的 *Retzia* 也翻译为“轮叶属”，但两种是不同的植物。——译者注

部分分离的化石，很少会有成株的完整植物保存。其他有些木贼类植物，像是芦木则是茎干化石很常见，而轮叶则保存较多的叶片化石。

座延羊齿 ALETHOPTERIS

座延羊齿是一种在石炭纪煤层中常见的种子蕨植物，有着羽状的复叶。所谓复叶是指植物的小叶片附着在比较宽的基底上。这些小叶上有复杂的叶脉，甚至能看到有些形状像叉子。跟脉羊齿比较就能发现，座延羊齿的叶片更偏向三角形的形态。

体型大小：图中的化石长5厘米。

时空分布：这种植物存在于北美及欧洲的石炭纪晚期以及二叠纪岩石中，图中的化石来自美国堪萨斯州（Kansas）。

鳞木　LEPIDODENDRON

鳞木是一种大型的石松植物，能长到超过 30 米高，图中典型的菱形痕迹是叶片脱落后留下的。目前已经发现 100 多种鳞木，大多是根据这种叶片附着于茎干上的痕迹进行区分的。

体型大小：目前已知的记录中，整株植物能长到超过 30 米高，树根则超过 10 米长。

时空分布：在欧洲、俄罗斯、北美洲、中国和蒙古的石炭纪晚期到二叠纪早期地层中都有分布，图中的化石来自英国史丹佛郡（Staffordshire）。

化石故事：鳞木在石炭纪晚期的煤炭探勘中极为常见，很可能是当时成煤的主要植物。这种树木非常高，在当时的森林中可谓遮天蔽日。然而它们在保存时很容易支离破碎，导致有时同一株植物的不同部位被取了不同名字，例如鳞木的根部在被发现时，并未与枝叶位于同一处，所以被取了个新名字叫根木（*Stigmaria*）。

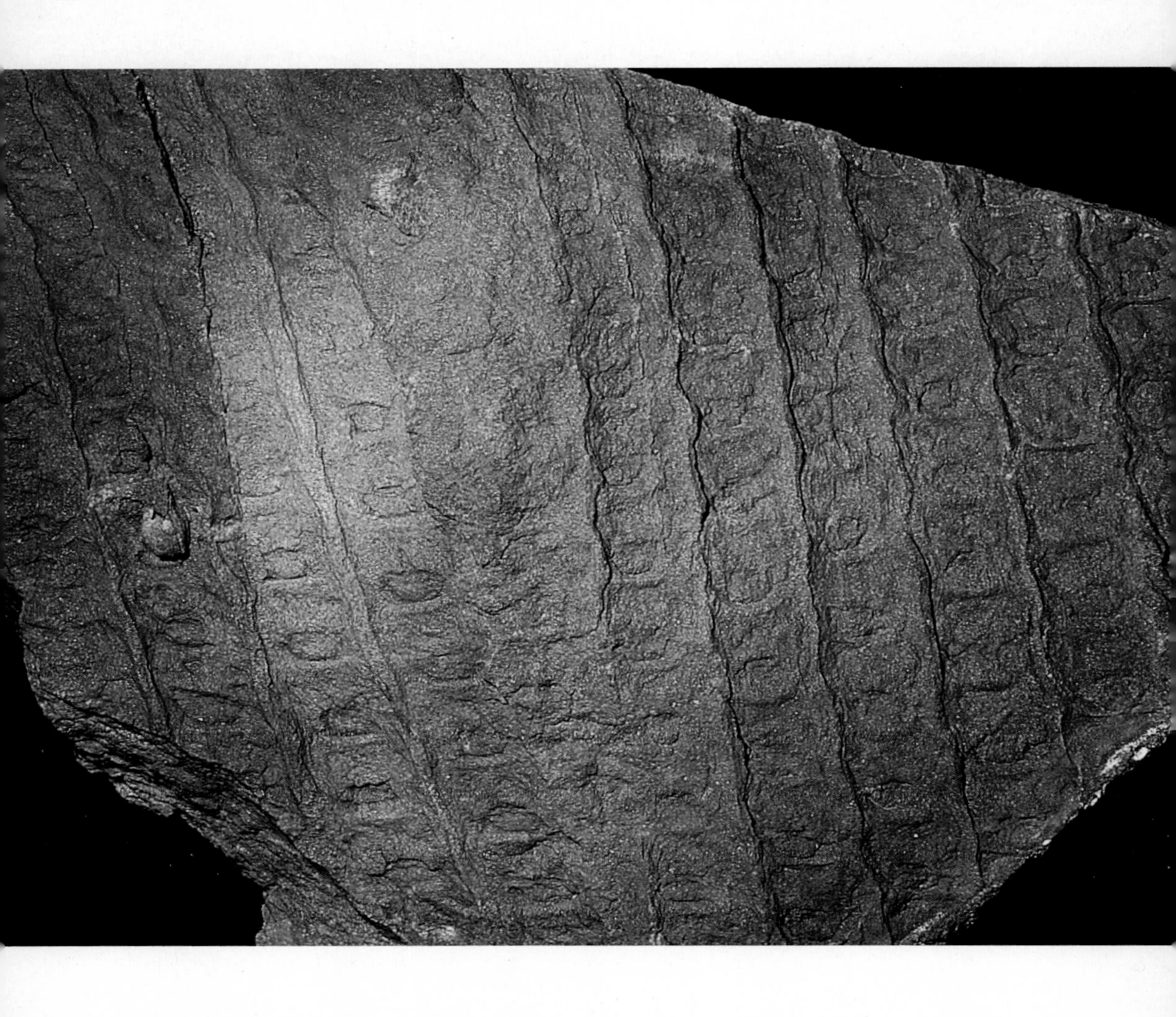

封印木 SIGILLARIA

图中化石展现的部分是一株巨大石松的枝干结构，它与鳞木是近亲，在上面可以看到成列的小卵形压痕，是整排叶子曾经在此附着的痕迹。这种植物的叶片与现今很多植物都不相同，叶子往往在枝干上簇拥成一丛。

体型大小：整株植物能达到 30 米高。

时空分布：封印木是形成煤炭的主要植物之一，大多发现于石炭纪晚期的地层，从石炭纪早期到二叠纪的北美及欧洲都有分布。

化石故事：图中化石是保存于红色泥岩中的部分封印木枝干。

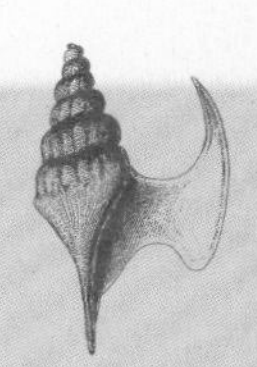

煤层（COAL FORMATION）

前面介绍过许多石炭纪晚期的植物都对今日的煤炭埋藏有着极大的贡献。在那个时代曾有过一个超级大陆称为“冈瓦纳大陆”（Gondwanaland），有着茂密的森林及沼泽，当时的气候正由温带转变到亚热带气候，丰富的降水令这些植被更加繁茂，而煤炭就来源于这些森林带来的沉积。当时巨大的河流横越过这片广袤的大地，沿路冲刷的物质就在此堆积形成三角洲。对于靠近海岸的三角洲上的植被而言，即便是海平面微小的变化都可能造成显著的影响。每当这些海水泛滥到淹没三角洲时，其上的植被也会随之殒殁并被淹埋于泥沙之下成为泥炭，因此泥炭层中总是有着海洋和三角洲沉积物的交错互层，这种现象在地质学上称为“旋回”。这些泥炭干燥以后就能点燃，现在世界上依然有许多地方的人以此为燃料，但其产生的热能远不如煤来得好。泥炭要转变为煤必须经过非常多的环节，比如泥炭在被掩埋后受到其上堆积物的加压甚至加热，而其中的挥发物（主要是水分）也会逐渐蒸发。这些过程会令泥炭中的碳含量从 30% 增加至 40%，这时就变成了“褐煤”（brown coal/ lignite），而褐煤还要经过进一步掩埋才会产生“烟煤”（bituminous coal）（碳含量超过 75%）及“无烟煤”（anthracite）（碳含量超过 80%）。说穿了，其实煤炭可以理解成一种经过加压、加热后改变了原本组成成分的、变质了的岩石。

芦木 CALAMITES

这是一种木贼类植物，图中是茎干的一部分，可以看到上面有长条状的凹槽，凹槽经由特定的角度相连，因此形成固定的间隔。枝干从节点中长出，而叶子则在茎上长成螺旋状。茎的内部有柔软且具有通道的组织，但这些组织在形成化石前常常就迅速分解，因此茎的化石常常不是内部被沉积物填充，就是像图中那样碎裂在地层表面。

体型大小：整株植物能长到约 30 米。

时空分布：来自北美洲、欧洲、中国及东南亚的石炭纪晚期及二叠纪地层中，图中的化石来自英国南威尔士（South Wales）。

化石故事：现生的木贼大多分布在沼泽地带，而芦木在石炭纪晚期的沼泽森林中也非常繁盛。其丰富的残留对泥炭的沉积大有贡献，并最终形成了今日的煤层。

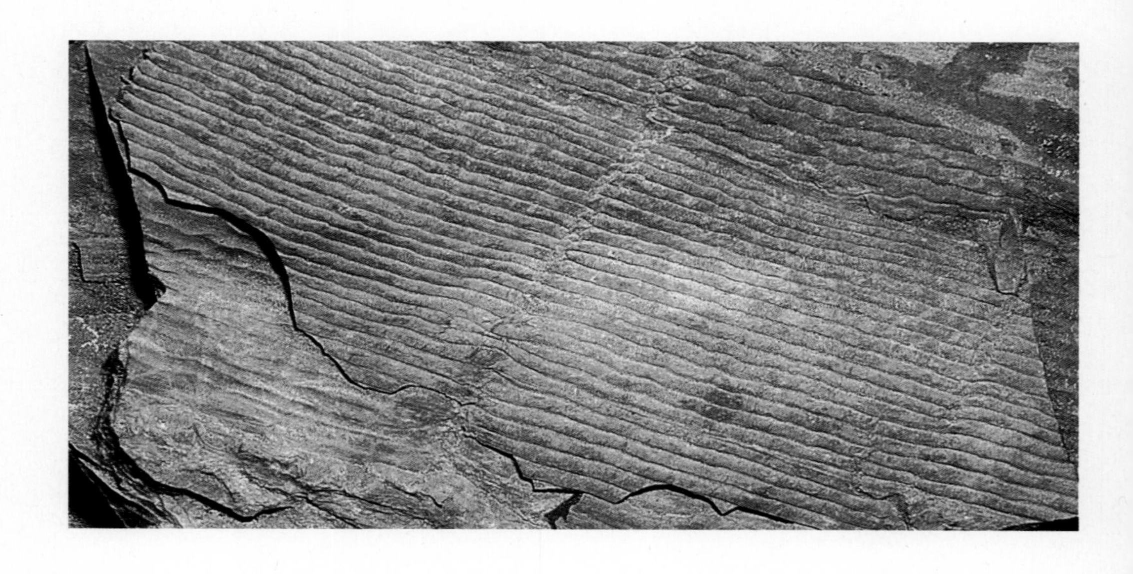

楔羊齿 SPHENOPTERIS

楔羊齿长在一种灌木状的种子蕨植物上，我们对这种植物除了叶子以外的部分却所知甚少。这些叶子有齿状的尖端，并且跟真正的蕨类植物一样有复叶的结构，即叶片由主轴和小羽片所构成。在某些极为罕见的情况下，还能在化石叶片上发现它们的繁殖体——孢子。

体型大小：这种植物长约 6 厘米。

时空分布：广布于全球的石炭纪和二叠纪地层中。

化石故事：楔羊齿在石炭纪晚期的沼泽环境中非常兴盛，而其精致的叶片更是藏煤地层中常见的化石。

舌羊齿 GLOSSOPTERIS

舌羊齿是一种生长习性接近树木的种子蕨植物，虽然也有观点认为所谓的“接近树木”可能只是类似灌树丛一般。在茎干的化石上可见到年轮，但更多保存的化石还是叶片。这种植物在叶片的外形上很多变，如下面的两张图片，红色的叶片又窄又长，而灰色叶片［来自澳大利亚亚当斯敦（Adamstown）］的外形则更倾向于椭圆。

体型大小：这种植物能长到 6 米高。

时空分布：舌羊齿兴盛于超级大陆“冈瓦纳大陆”之上，时代是二叠纪到三叠纪，它的化石分布在现今的澳大利亚、南极洲、南美洲、非洲南部、马达加斯加、印度以及新西兰。

化石故事：这种植物化石佐证了大陆漂移假说，有极大的学术价值。

锥叶蕨 CONIOPTERIS

锥叶蕨是蕨类的一种，与今天见到的蕨类植物非常类似，小叶从中央的茎干长出，并且每片小叶都有锯齿状的叶缘。

体型大小：这些化石大约 2 厘米。

时空分布：这种植物来自北美洲、欧洲及亚洲的中生代地层。

化石故事：图中这簇叶片已经变成碳质薄膜，保存在富含铁质的砂岩之上。

威廉姆逊苏铁 WILLIAMSONIA

这是一种苏铁植物，苏铁植物可再分为苏铁和本内苏铁（Bennettitales），而威廉姆逊苏铁就是一种本内苏铁。本内苏铁这个类群已全部灭绝，它们有着木质的树干和粗糙的羽状叶片。

体型大小：图中化石长约 2.5 厘米，整株植物能长到 2 米高。

时空分布：本内苏铁分布范围从三叠纪到白垩纪晚期，而威廉姆逊苏铁则广布于全球的侏罗纪地层中。图中的化石来自英国北约克郡（North Yorkshire）的侏罗纪岩石中。

化石故事：威廉姆逊苏铁在其树干的顶端有球果组成的花朵，胚珠和花粉都长在同一株植物上。大多数的叶片都像图中那样，在保存过程中变成了围岩上的一层碳质薄膜。

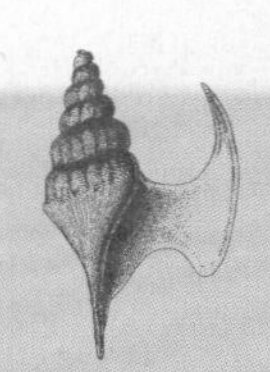

大陆漂移（CONTINENTAL DRIFT）

丰富的舌羊齿化石广布在现今分散的大陆之上，这一现象受到阿尔弗雷德·魏格纳（Alfred Wegener, 1880—1930）的关注，并将其作为他有关大陆漂移的证据之一，收录进其1924年出版的经典之作《海陆起源》（*The Origin of Continents and Oceans*）之中。他使用大量的证据来证明存在“冈瓦纳大陆”这块超级大陆，并分裂为我们今天熟知的各个大陆，而舌羊齿化石的分布点就成了当时的争论焦点。魏格纳并非地质学家，而是气象学家，因此他的伟大理论在当时受到地质学界的蔑视。当时的学界认为是因为大陆间曾经存在“陆桥”，而动物群及植物群可以沿着这些陆桥横跨大陆。现今大陆漂移的构想受到板块移动理论的支持，该理论认为地壳和稍有厚度的地幔构成“板块”，这些板块会移动并带动其上的陆地一起漂移。舌羊齿今日所见的分布就是拜冈瓦纳大陆所赐，植物曾在这片大陆上欣欣向荣，但其后随着这块大陆的破裂而分散到了各个板块之上。

银杏　GINKGO

包含银杏在内的苏铁类植物和近亲的本内苏铁植物不同，它们雄和雌的繁殖器官长在不同株植物上，雌树有胚珠和球果，而雄树则带有孢子囊。大部分苏铁类植物的叶片呈三角形或扇形，并在其上有很深的裂缝，这些叶片的化石形态和现生的银杏都很相像。

体型大小：今日的银杏能长到约30米高，图中的叶片长2.5厘米。

时空分布：在二叠纪至今的世界各地地层中都能找到，下页图中的化石来自侏罗纪时期的英国北约克郡。

化石故事：银杏在现今的中国分布非常广泛。

柳树 SALIX

这片化石叶子来自一株上古的柳树，属于被子植物的一种，也就是我们现在常见的开花植物。被子植物起源于白垩纪时期，并在新生代开始多样化。柳树的叶子非常多变，不过大多中央都有主轴以及主脉和支脉。

体型大小：图片的化石长 3 厘米。

时空分布：这种植物广布于世界各地始新世至今的地层中，图中化石来自美国科罗拉多州的始新世地层。

化石故事：柳树生活于凉爽的温带地区，甚至有些在寒冷的温带。花粉可以保存很久，而许多种类的植物只在特定气候条件生长，因此显微观察辨别泥炭或其他沉积中的花粉粒，有助于我们了解当时的气候。

枫木 ACER

枫木是被子植物的一种，和悬铃木是近亲，它的叶子有个主要的尖端和两侧较不明显的侧端，叶片中央有主脉和许多小支脉。枫木是一种落叶植物，因此每年都会产生新的叶子。

体型大小：右图中的叶子约 5 厘米宽。

时空分布：这种植物广布于全球始新世至今的地层中，图中显示的化石来自法国北部的中新世地层。

化石故事：枫木的果实非常有特色，内含两颗种子并且各有一片长长的“翅膀”附着在上面。

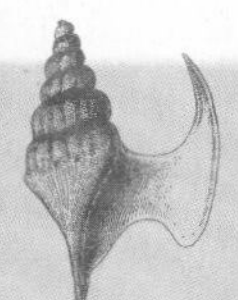

琥珀（AMBER）

琥珀是一种由树木分泌并硬化的树脂，埋藏在沉积岩中且时常包覆昆虫化石于其中。远从白垩纪时期的地层中就发现有琥珀，分布于美国新泽西州、西伯利亚、加拿大和缅甸；在波罗的海周边的沉积中则有始新世时期的琥珀；渐新世的琥珀则来自墨西哥。琥珀的实际年龄很难判断，要通过对昆虫或其他被困在其中的化石生物进行研究才能推断年龄。松树会分泌许多树脂并形成琥珀，而这些树脂大多在温暖的季节产生。琥珀在商业上也作为珠宝的一种。

左边这件经过抛光的化石约 2.5 厘米长，里面包裹有昆虫；而右边这块粗糙、未经抛光的琥珀则宽约 5 厘米。

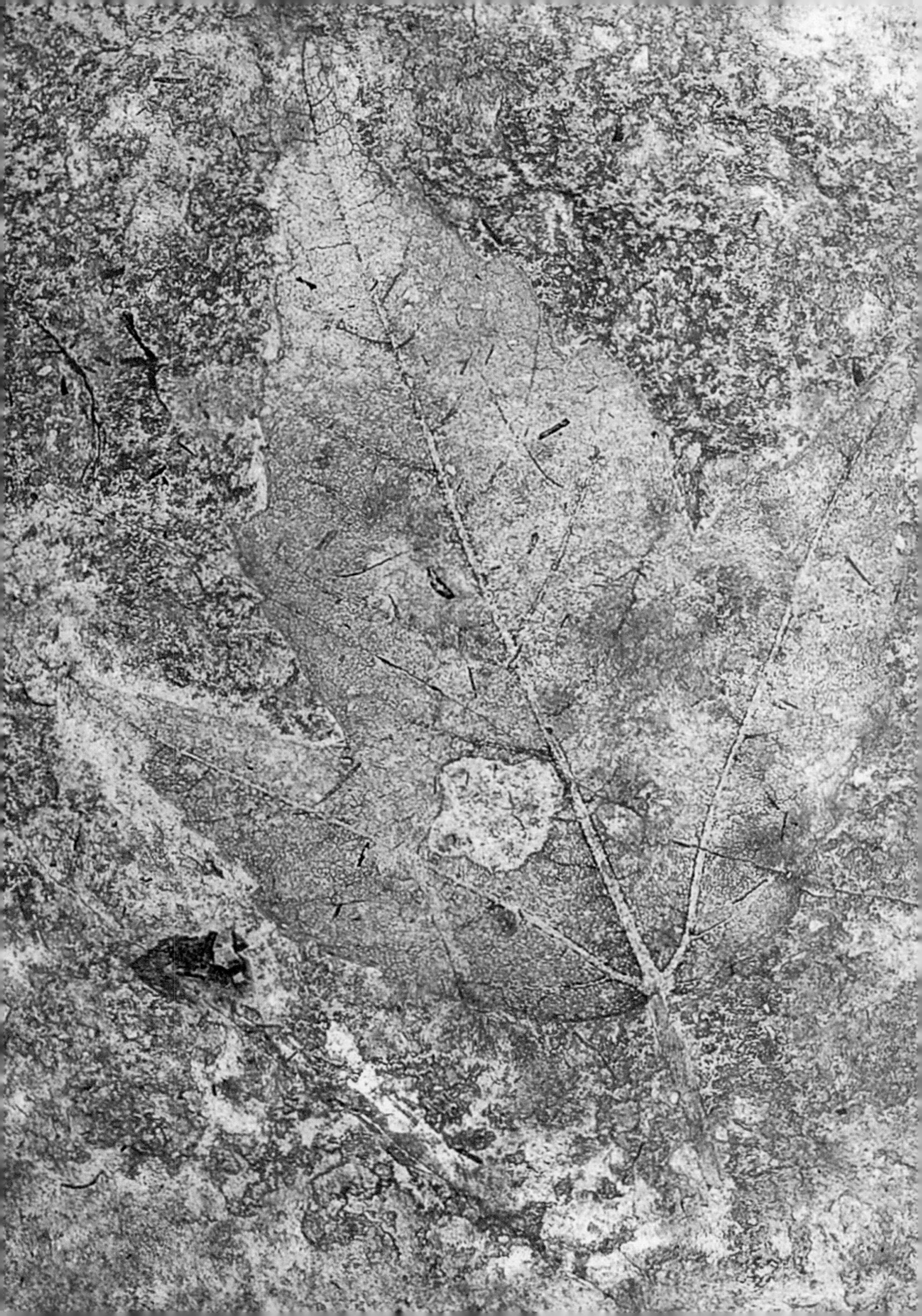

二 珊瑚与海绵

珊瑚很容易形成化石，其钙质的结构本身就是种石灰岩，它们被分类在刺丝胞动物门（Cnidaria）的珊瑚纲（Anthozoa）。常见的珊瑚化石有三种：横板珊瑚（Tabulata）、四射珊瑚（Rugosa）和石珊瑚（Scleractinia），前两种至今已灭绝，但起源自三叠纪的石珊瑚至今仍是建造珊瑚礁的重要角色。

珊瑚由碳酸钙建造成管状或锥状的结构，柔软的珊瑚虫就栖息在这些结构的顶端（即“珊瑚杯”之中）。珊瑚和海葵是近亲，它们单体的珊瑚虫在外形上很相似。珊瑚不同属种间的结构多变，此外如个体大小、形状差异也都能用来帮助分类。珊瑚骨骼结构中板状的方解石称为“横板”（tabulae），能将珊瑚水平分隔开，呈扁平或弯曲的形状；而以中轴为中心呈放射状的垂直板状结构则称为“隔板”（septa），这个结构从上面看起来就像车轮的辐条，隔板在不同品种间有不同的结构模式，因此对区分珊瑚品种很有帮助。许多珊瑚在其珊瑚石（corallite）内壁的周围有大量网状的方解石构成“鳞板”（dissepiments），这种构造能对珊瑚进行强化。

这件抛光的标本是朗士德珊瑚（*Lonsdaleia*），来自英国的南威尔士，图中可看到隔板和鳞板等内部结构。

横板珊瑚的结构最简单，它们有着微小的钙质珊瑚石，这些珊瑚石会再借助小型管状的延伸来形成分支或是汇聚成群。这种珊瑚大多没有隔板，全部由横板来组成水平或穹顶状的钙质分隔。横板珊瑚起源于奥陶纪，并在二叠纪走向灭绝，它们在志留纪和石炭纪达到数量上的巅峰。

四射珊瑚既可单独也能成群生长，得名于珊瑚石壁外有着许多向外放射的隆起。在内部结构上，四射珊瑚比横板珊瑚复杂，既有横板也有隔板，在珊瑚石内壁的周围也有鳞板形成网状结构。四射珊瑚最早的化石记录发现于奥陶纪，并和横板珊瑚在二叠纪时一起走向灭绝。它们大量分布在石炭纪晚期的灰岩中，某些种类还能作为带化石。

石珊瑚单独或成群生长，一般又被用来指称“六射珊瑚”（hexacorals），因为其内部的隔板以六个为一组，它们跟四射珊瑚一样都有鳞板。单独生长的石珊瑚长有圆筒状或锥状的珊瑚石，成群生长的结构非常多变。石珊瑚起源于三叠纪，并在侏罗纪达到巅峰，它们建造的大多数堡礁至今仍非常活跃，尤其在温暖的海域中。

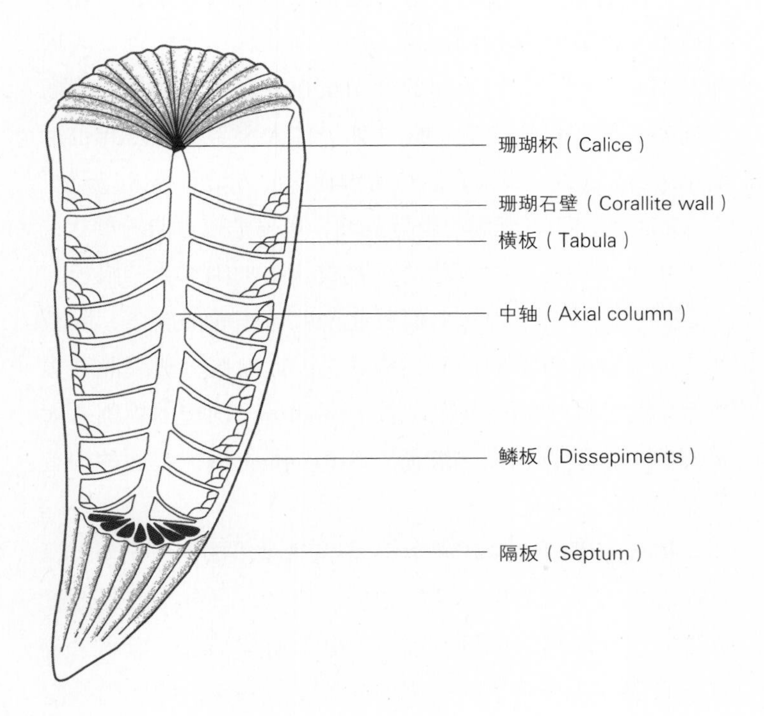

珊瑚身体结构示意图

珊瑚

通孔珊瑚 THAMNOPORA

这是一种会大量成群矗立于浅海床上的横板珊瑚，并可能生长在层孔虫所形成的层状小丘之上，后者是一种已灭绝的多孔动物（Porifera）。单体的珊瑚石有着圆形的横截面，且常有分支，而横板则在珊瑚石内部水平分布，

大多又薄又宽，不像珊瑚石的外壁显得相对厚实。在上图这件切片并抛光的化石中可见到内部的横板和短而多棘的隔板。

体型大小：这种珊瑚石能长到10厘米。

时空分布：广布于全球范围的泥盆纪岩石中，图中的化石来自英国德文郡的托基（Torquay）地区。

化石故事：这些珊瑚常集群分布在珊瑚礁周围，但它们并不是珊瑚礁的一部分。通孔珊瑚常和其他珊瑚或腕足类动物伴生，并一同形成灰岩层。

链珊瑚　HALYSITES

链珊瑚是一种集群的横板珊瑚，其中许多小珊瑚石三三两两地串联成曲折的锁链。单体的珊瑚石有着圆形或椭圆形的横截面，并有平坦或弯曲的横板，有时

能见到短而多棘的隔板，但大多数链珊瑚的个体没有隔板构造。

体型大小：小的珊瑚石直径约2毫米，一个大的集群直径能达到10厘米。

时空分布：广布于全球范围的奥陶纪和志留纪岩石之中，图中的化石来自英国什罗普郡的志留纪灰岩之中。

化石故事：链珊瑚是一种会建造珊瑚礁的著名珊瑚，找到这种珊瑚的灰岩中通常还含有丰富的软体动物、三叶虫、腕足动物和其他珊瑚。

蜂巢珊瑚　FAVOSITES

这是一种集群的横板珊瑚，有着圆形的团块状外形，其表面被小而密集的珊瑚石所包覆。珊瑚石的横截面呈多边形，外壁很薄且多孔，而内部有时会有短而尖的隔板，并有复杂的横板将珊瑚石垂直分隔。因为其外貌如蜂巢而得其名。

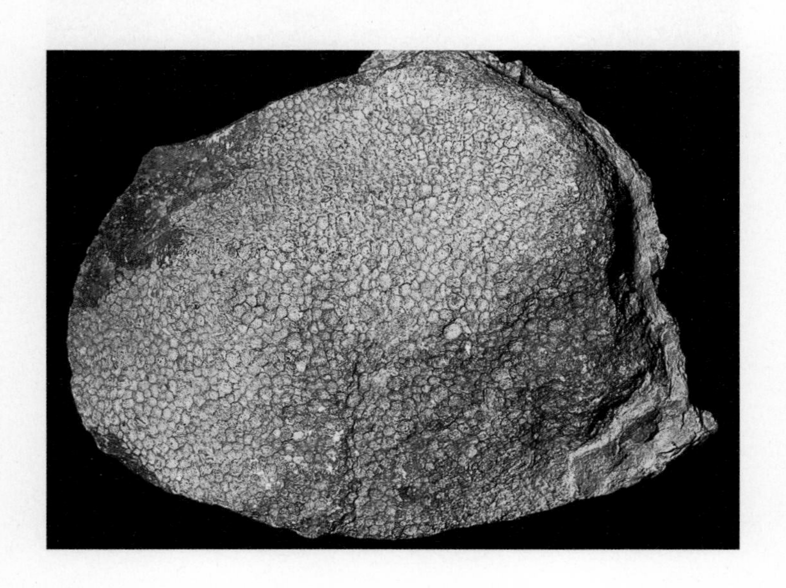

体型大小：集群直径能达到 15 厘米。

时空分布：蜂巢珊瑚分布于奥陶纪到泥盆纪的浅水灰岩之中，从北美洲、欧洲、亚洲到澳大利亚皆有。

化石故事：这种常见的化石在志留纪岩石中非常多，图中的化石就来自这个时代的英国什罗普郡。

喇叭珊瑚　KODONOPHYLLUM

这是一种单独生长的横板珊瑚，整体的结构像一个长形的锥体，并从其狭窄的底部开始生长。这种珊瑚的石壁非常粗糙，在顶端有个很深的珊瑚杯。内部结构上，不完整的横板大多呈拱形，珊瑚石壁没有鳞板来增强且隔板很薄弱。

体型大小：左页图中的化石和大多数喇叭珊瑚高度差不多，约有 5 厘米。

时空分布：分布在北美洲、亚洲和欧洲的奥陶纪到泥盆纪地层中，尤其在志留纪的灰岩中最为常见。

化石故事：这种化石大多分布在浅水区的石灰岩中，与腕足动物、软体动物和其他珊瑚伴生。

朗士德珊瑚　LONSDALEIA

朗士德珊瑚是一种集群的四射珊瑚，其珊瑚石壁因为大量的鳞板而显得厚实。其他内部结构还包括从厚实的中轴向外放射的隔板、略为弯曲的水平横板和明显的中央珊

瑚杯。这些珊瑚会密集地结群成宽广的层面，沿着地层延伸数里。

体型大小：上页图中视野大约 80 厘米。

时空分布：来自北美洲、北非、澳大利亚及欧洲的石炭纪地层。

化石故事：这种化石曾经栖息于温度适中的浅水海洋环境，泥沙在这种环境下快速累积，变成现在所见的灰岩。

栅珊瑚 DIBUNOPHYLLUM

经过切片和抛光，可以从图中清楚看到这种单独生长的四射珊瑚放射状的隔板和帮助珊瑚石壁加厚的鳞板。其中的隔板有长有短，此外也有水平的横板。珊瑚石中心的

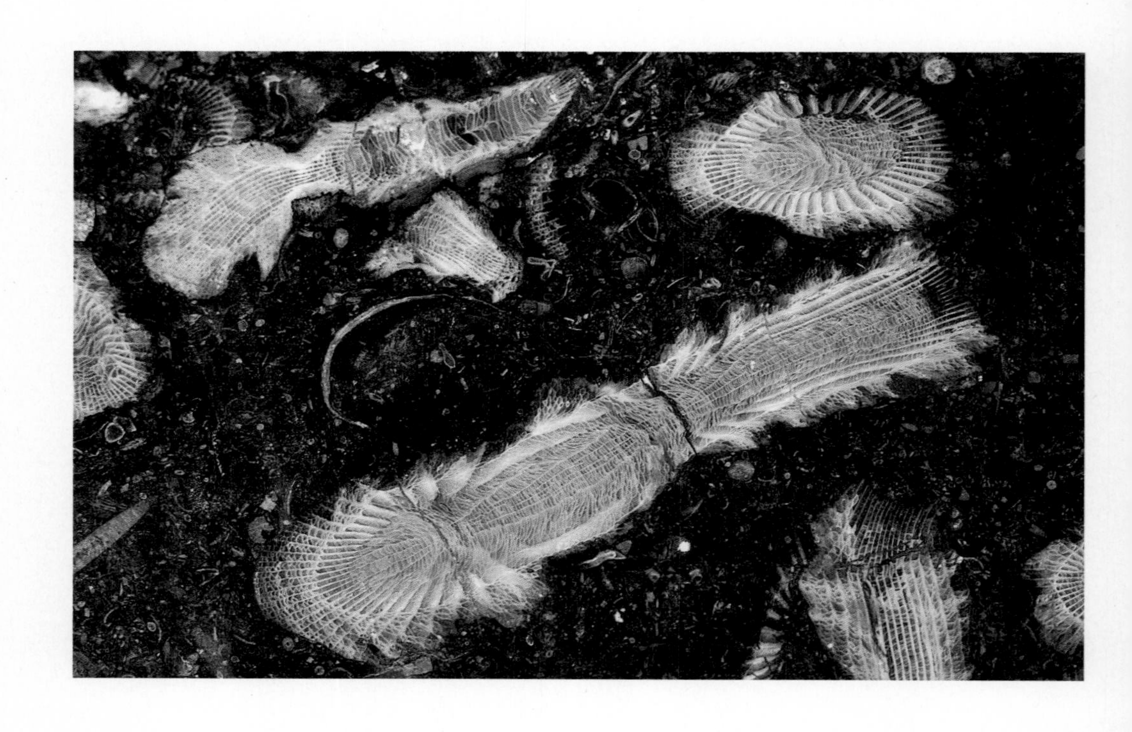

中轴错综复杂并占珊瑚整体的三分之一，它的结构和鳞板一样都很像蜘蛛网。

体型大小：这是一种比较大型的珊瑚，直径能长到大约 5 厘米。

时空分布：在北美洲、亚洲和欧洲的石炭纪地层中都能找到，左图中的化石来自英国的杜伦（Durham）。

化石故事：这是一种分布很广且常见的珊瑚，分布于大陆架的灰岩中，大多与其他珊瑚、软体动物和腕足动物伴生。

堆珊瑚 ACERVULARIA

这种集群的四射珊瑚由较大的珊瑚石单体所构成，其珊瑚石内部的鳞板和隔板在接近壁缘处愈合在一起，使得石壁非常厚实。堆珊瑚的珊瑚石有四面，每一平面上的鳞板都具有球形结构，而横板微微弯曲。常见于浅水灰岩中。

体型大小：珊瑚石单体直径可达 1.5 厘米。

时空分布：这种化石在北美洲与欧洲的志留纪岩石中都能发现。

化石故事：堆珊瑚大多分布在灰岩或页岩中，伴生的动物群包含三叶虫、腕足动物、软体动物和其他珊瑚。

杯珊瑚 CYATHOPHYLLUM

这种单独生长的四射珊瑚在结构上有着丰富的变化，其珊瑚石外壁的表面并不均匀，且有许多肥硕的隆起，这是种非常典型的四射珊瑚特征。顶部的珊瑚杯很浅；而在内部结构上，隔板稳固地与中轴连接且石壁受到许多鳞板的加强；横板则多变，从凹陷到平坦皆有。

体型大小：右图中较短化石长约 5 厘米。

时空分布：这种化石发现于北美洲、亚洲、欧洲及澳大利亚的泥盆纪岩石中。

化石故事：图中展现的一个是典型的锥形结构，另一个是纤长形结构。石灰岩中常会有珊瑚化石原位保存，因为泥沙会在珊瑚生长的海床周围累积，并以相对较快的速度形成灰岩。

泡沫板珊瑚 KETOPHYLLUM

在这种珊瑚石的外侧表面可以清楚看到典型的不均匀隆起，其整体外形宛如狭长的锥体，有些个体还会有微小的根状结构帮助它们固定在海底。图中的化石已经被切开，能观察其内部。在珊瑚石壁的壁缘有鳞板所组成的厚层，水平的横板在靠近这些鳞板的位置时边缘都弯曲向上，还有不完整的隔板将内部垂直分开。此外，这块化石内部还填充了许多白色透明的方解石晶体。

体型大小：68 页图中化石高 8 厘米。

时空分布：可能发现于中国及欧洲的志留纪地层中，图中化石来自英国什罗普郡。

化石故事：这种单独生长的四射珊瑚能用来计算志留纪时期的一年所含天数（参照下文“珊瑚定时器”）。

管柱珊瑚　SIPHONODENDRON

管柱珊瑚是一种集群而生的四射珊瑚，它由许多单体的珊瑚石相互鳞次栉比地排列而成，拥有四射珊瑚所有典型的特征。切片图中可清楚看到中轴，并有许多隔板由中轴向外放射并接续至珊瑚石壁，而珊瑚石内还包含鳞板，鳞板从外壁向内延伸占了约四分之一的体积。

体型大小：右上图中所展现的珊瑚个体，平均直径约0.6厘米。

时空分布：分布于欧洲的石炭纪地层。

化石故事：这种珊瑚生长在灰岩和浅海大陆架的沉积中。

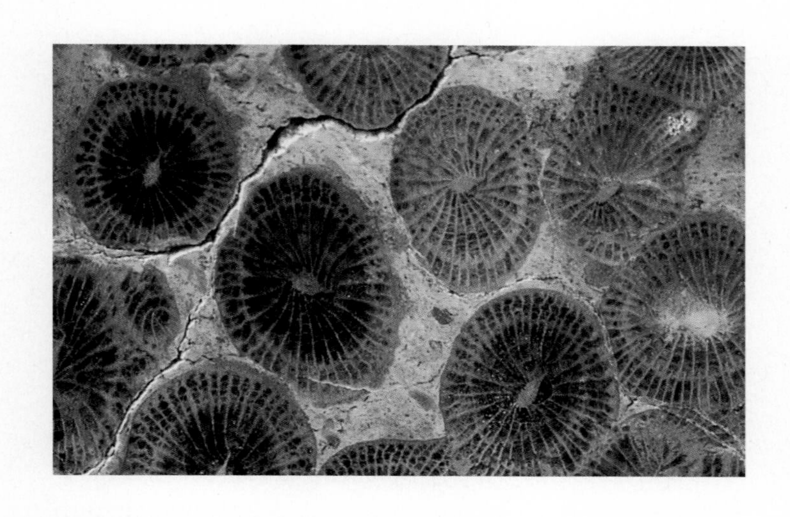

笛珊瑚 SYRINGOPORA

这种集群横板珊瑚的构造远远没有集群四射珊瑚来得复杂，它们绵延在浅海之中，大多被发现在灰岩中。单体的珊瑚石有着厚实的外壁，许多称为小管（tubuli）的钙质管道将这些单体连接在一起。内部结构有时能见到许多小

而尖的隔板从中心呈放射状向外延伸，并有凹陷的横板。

体型大小：上页图中的化石长约 10 厘米。

时空分布：笛珊瑚在石炭纪的岩石中很常见，在志留纪或泥盆纪的生态系统中也可见，且广布全球。

化石故事：笛珊瑚常与成层的层孔虫一起形成化石，不过笛珊瑚就算没有层孔虫也能活得很好。

泡沫柱珊瑚　THYSANOPHYLLUM

泡沫柱珊瑚是一种集群的四射珊瑚，其珊瑚石大小参差且摩肩接踵地紧密排列，因此这些珊瑚石实际上共享着珊瑚石壁。外壁有鳞板加强，其中还有放射状的隔板从中

轴延伸至珊瑚石壁，而顶部的珊瑚杯则微微凹陷。每个珊瑚石都是六角形或八角形，因此整个集群有着多角形的内部外观。

体型大小：左图中的视野约 8.5 厘米。

时空分布：来自欧洲的石炭纪地层中。

化石故事：图中的化石虽稍有风化，但仍将这种珊瑚的特色显露得一览无遗。

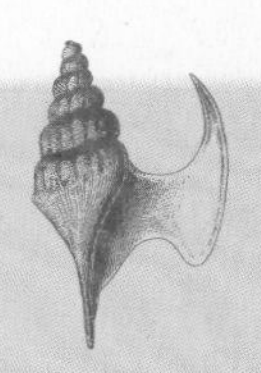

珊瑚定时器（CORALS AS FOSSIL CLOCKS）

由于珊瑚所分泌的方解石在形成化石时会保留得非常精细，所以这些化石大多能如实显示出珊瑚的生长情形，可从中解读出这些珊瑚个体的生长模式。像四射珊瑚及石珊瑚可以借助生长所产生的隆起痕迹显示出每分钟的成长尺度，在某些化石中甚至每厘米能有多达 200 个隆起，而这种痕迹称作“年轮”（growth increments）。现代的珊瑚平均每年会有 360 个年轮，这种结构还会分组呈条带状，每一条带显示每个月份的生长量，而更宽的条带则代表一年的生长痕迹。一份关于志留纪泡沫板珊瑚（*Ketophyllum*）的研究显示，这种珊瑚每年会出现 400 个年轮，而石炭纪的石柱珊瑚（*Lithostrotion*）则会出现 398 个，这些证据都说明在遥远的往昔里，每年有更多的天数，但每天的时间都少一些。天文学的证据也佐证了此观点，天文学家发现地球围绕太阳的运动从古至今有所变化，而这个变化与珊瑚生长的轨迹完美呼应。

犬齿珊瑚 CANINIA

这种单独生长的四射珊瑚外壁上可见到典型的隆起，其珊瑚石大多呈管状，偶尔也能找到锥体形状的。从这个风化的化石上能清楚看到放射状的隔板，有的从中轴向外延伸，也有的从石壁垂直生长下去。横板为扁平状，但与珊瑚石壁接触处呈凹陷状，而石壁则受到鳞板的加厚。图中的珊瑚在形成化石时，部分已被粉红色的石英所取代。

体型大小：这是一种中大型的珊瑚，高度能长到 10 厘米以上。

时空分布：能在北美洲、欧洲、北非、澳大利亚及亚洲的石炭纪地层中找到。

化石故事：这种珊瑚大多分布在浅水灰岩中，与造礁生物群伴生。

厚壁珊瑚 THECOSMILIA

这是一种石珊瑚，其珊瑚石有时呈分支结构，会形成小集群或是单独生长。图中展示了两个珊瑚个体，一个有分支而另一个结构则非常简单。厚壁珊瑚有从中心呈放射状延伸的隔板，这些隔板六个一组，是石珊瑚的典型特征，因此石珊瑚又被称作六射珊瑚（hexacorals）。隔板在这种珊瑚中呈又尖又细的垂直状，而珊瑚石壁则受到鳞板的加强。

体型大小：典型的高度大约5厘米。

时空分布：广布于全球各地，从三叠纪到白垩纪皆有，上图中的化石则来自英国格洛斯特郡。

化石故事：厚壁珊瑚在侏罗纪时期的珊瑚礁石灰岩中

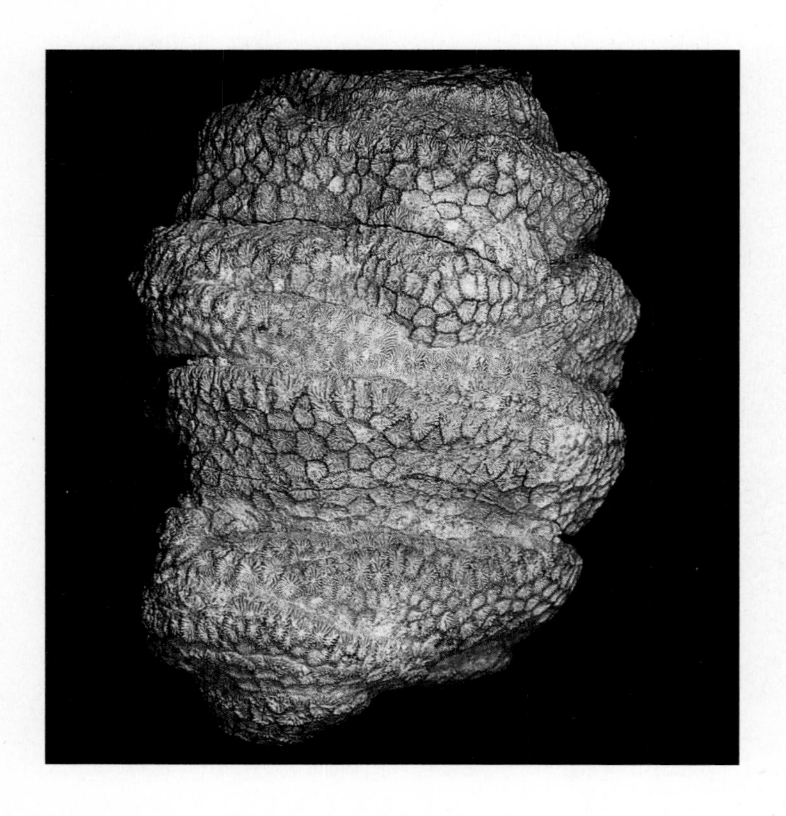

很常见，这些岩石大多形成于温暖的浅海中。

等星珊瑚 ISASTRAEA

这是一种集群生长的石珊瑚，由许多小型的珊瑚石集结而成，且可看到这种珊瑚个体的石壁与其周围的珊瑚石壁相结合呈六边形。整体的结构就像个有着粗糙外表且不分叉的圆筒，狭窄的基底生长在海床上。珊瑚石内有许多隔板，六个为一组从中心向外放射，某些个体的隔板还能伸出珊瑚石壁进入邻近的珊瑚石个体中。每个珊瑚石壁都受到鳞板的加强。

体型大小：上图中的化石为此属典型高度，大约 10 厘米。

时空分布：能在北美洲、亚洲及欧洲的侏罗纪到白垩纪地层中找到。

化石故事：这种珊瑚会在珊瑚礁中与其他珊瑚伴生，分布于温暖的浅海中。这些珊瑚礁对于许多其他生物来说，是个宜人的适栖地，这些生物的化石也常跟珊瑚一起发现，包含软体动物、腕足动物、棘皮动物和海绵。

联星珊瑚 THAMNASTREA

这是一种集群生长的珊瑚，它的特别之处在于没有珊瑚石壁，因此每个珊瑚石个体都是接在一起的，这种特征在图中的化石切片中可以清楚看到，此外也能看到细薄的中轴结构。整体结构呈细长枝条状，且有分支。

体型大小：典型的珊瑚个体长度能到 10 厘米。

时空分布：可在三叠纪到侏罗纪的地层中找到，常和等星珊瑚一起发现，分布在北美洲、南美洲、欧洲和亚洲。

化石故事：由这种珊瑚和其他石珊瑚共同组成的珊瑚体直径能长到 2 米。

海绵

海绵被归类在多孔动物门（Porifera），虽然身体构造相对柔软，但它们的化石还算常见。海绵是一种最简单的多细胞生命形式，有着袋状的简单身体，体内由细小、棘状的骨针所支撑。这些骨针有些由二氧化硅构成，这也是它们能迅速形成化石的原因；有些种类的骨针则是由方解石组成。这些海绵骨针中的二氧化硅也是一些岩石的主要

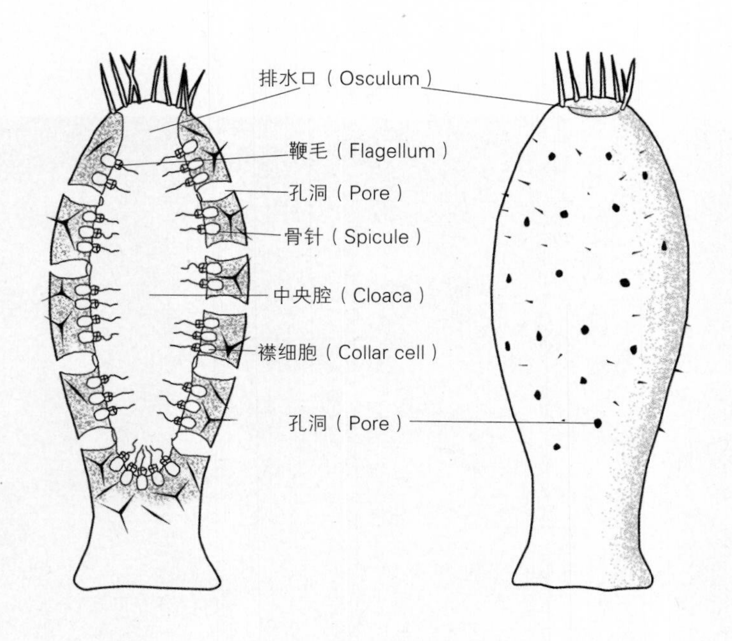

海绵身体结构示意图

构成物，例如燧石这种常见于石灰岩中的结核。在外观上，海绵有许多孔洞，它们借助这些孔洞来汲取水中的食物及氧气。海绵的地质记录可追溯至寒武纪时期，现今的海洋环境中也依然常见。

杯形海绵 RAPHIDONEMA

这种海绵有着宽阔的开口和狭窄的基底，形态俨如一个花瓶。它的外壁厚而多孔，图中就能清楚地看到这些孔洞。这是一种石灰质的海绵，其外表面上有许多隆起和硬块，质地非常粗糙。

体型大小：高度大约能长到 5 厘米。

时空分布：能在欧洲的三叠纪、侏罗纪和白垩纪时代的岩石中找到，图中的化石来自英国的肯特郡（Kent）。

化石故事：这种海绵生活在浅海环境之中，并用其狭窄的基底将自己固定在海床之上。

管海绵 SIPHONIA

管海绵整体形状像极了一朵含苞待放的郁金香，顶部圆润并逐渐缩窄，由一支纤细的茎在海床上托起顶部，而基底则有大量的“根”。就跟图里展示的一样，这种化石的茎部常常在保存中不幸断掉。管海绵是一种由硅质骨针来支撑结构的海绵。其厚壁上有许多孔洞，并在内部形成了复杂的管道系统来控制海水在体内的流经方向，这些管道有些是放射状的，有些则平行于外壁。

体型大小：典型的管海绵有 8 厘米高。

时空分布：能在欧洲及澳大利亚的白垩纪及新生代岩石中找到。

化石故事：这种海绵能作为石灰岩等的形成原料。

碟形海绵 SELISCOTHON

这是一种硅质海绵，有着二氧化硅所构成的骨针，其主体扁平，形似一朵蘑菇，根状的结构将自己固定在海床上。外表如图所示，被许多孔洞所覆盖。这种海绵也被称为劳氏海绵（*Laosciadia*）。

体型大小：直径一般约为 5 厘米。

时空分布：这是一种产于欧洲白垩纪地层中的化石。

化石故事：在白垩纪地层的白垩岩[1]中有碎石所构成的规则条带，这些条带大多由二氧化硅构成。这些硅质条带大多来自海绵的骨针，如碟形海绵等海绵化石就常伴随着燧石结核一起发现。

[1] 一种非晶质石灰岩，可用来制作粉笔，英语白垩岩 (chalk) 本身也有粉笔的意思。——译者注

心形海绵　VENTRICULITES

心形海绵形似一个颠倒的圆锥体，图中的化石在形成过程中已被压扁。这种海绵内部的支撑结构由硅质骨针所构成，这些骨针愈合在一起而形成坚硬的“骨骼”。

体型大小：典型的能长到大约 5 厘米高。

时空分布：分布于欧洲的白垩纪地层中。

化石故事：这种海绵借助纤细的“根”附着在海床上。正如图中所示，其表面会被成列的凹痕覆盖，因此质地粗糙。

三　棘皮动物

这一门类的生物化石能追溯到寒武纪时代，至今在不同的海洋环境中依然常见。棘皮动物主要特征包含外骨骼，且某些类群的外骨骼有棘刺，而它们的身体大多是五向放射状对称，常见的化石主要包含四个纲。

海胆纲（Echinoids）有外骨骼称为“体壳”，形状随类群而多变，有圆润的、扁平的甚至是心形的，这些形状也大多与其生活方式有关。体壳是由许多方解石板沿着锯齿构造连接而成。表面覆盖棘刺，某些类群的棘刺微小如绒毛一般，也有刺较少且呈棒状的。步带是五个狭窄的条带状板，在管足经过的地方有小孔穿过，可用来与内部的水管系统连接，还可用于移动和呼吸，而在每一个管足末端都有个小吸口。某些类群的步带围绕着体壳，也有些发生萎缩甚至呈瓣状。在体壳底侧的口腔表面有许多板状构造称为口围，大多位于中央并包围着口部。肛门则多位于体壳另一侧的上表面（离口侧），并由许多较大的板状构造（称为肛围）所包围。

海胆可以明显区分成两类。一类是常规的海胆，体壳圆润、口腔与肛门位于正中央且步带呈环状，这类海胆的身体是五向辐射对称的。另一种较为特殊的海胆则为左右对称，口腔与肛门也大多不位于中央，且有些步带呈萎缩状。后者很可能是由前者演化而来的。

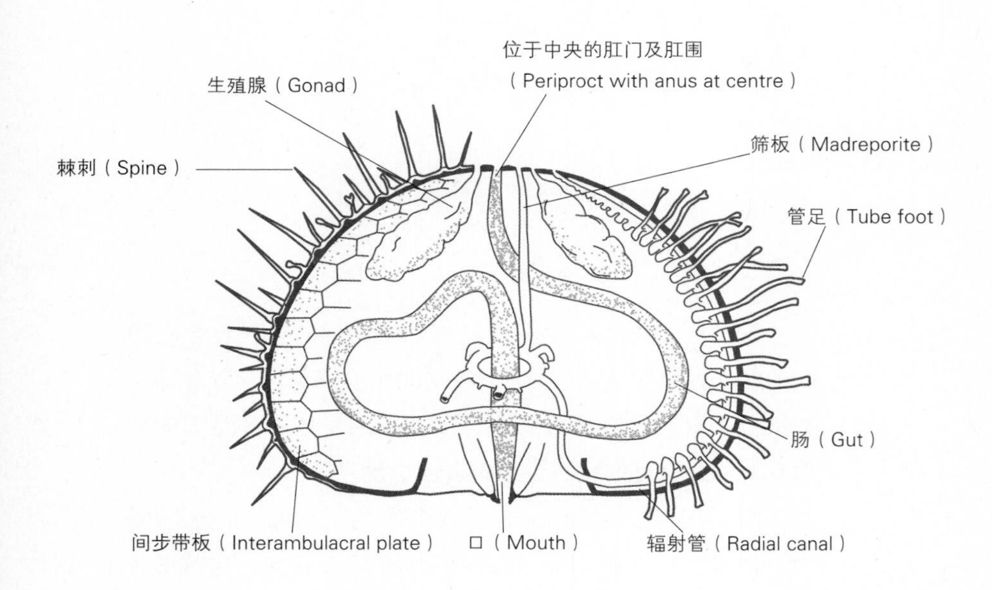

海胆身体结构示意图（侧向横切面）

海百合纲（Crinoids）恰如其名，一般有着类似植物的生活习性。这是一种精巧的生命体，茎干由称为骨板的方解石板所构成，底部则有“根”将这种动物固着在海床上。茎干顶端有个杯状的萼，动物的主体则栖息在其中。在萼的上方长有分支且具纤毛的腕，用来引导口腔附近的水流。海百合的化石在许多岩石中都很常见，特别是石灰岩，它们断裂的茎干也能成为这种沉积物的成分之一。

海星纲（Asteroids）和蛇尾纲（Ophiuroids）在化石中则比海胆来得罕见，可能是因为它们的身体比较脆弱难以保存。尽管如此，许多著名的“海星海床”中依然富含海星的化石。多数的海星化石与现今的没有太大区别，尤其是海蛇尾，它们几亿年来似乎都没有改变。

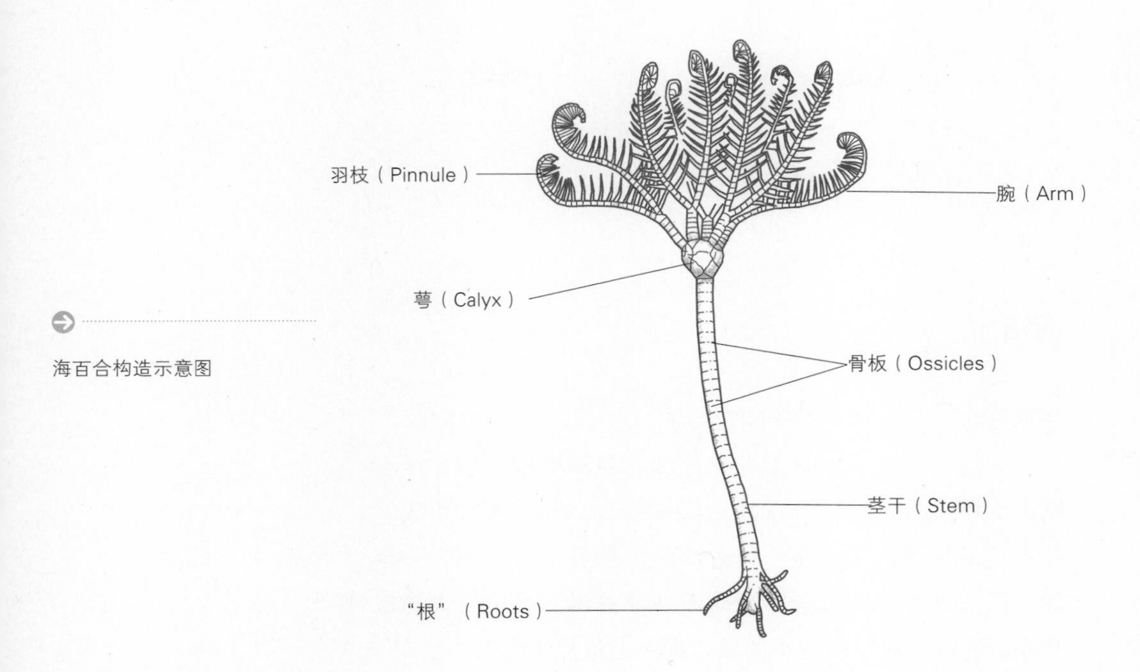

海百合构造示意图

海百合石灰岩。海百合的茎容易断裂成许多小骨板（ossicles），在许多石炭纪时代的石灰岩中都包含有海百合的碎片。图中来自英国杜伦郡的化石就包含了海百合的碎片、腕足类及苔藓虫（bryozoans）

海百合

钵海百合　SCYPHOCRINITES

钵海百合的茎干较短并在底部有着圆形的构造，茎干则由骨板组成，底部构造则是由许多类似骨板的板片组成。此构造的用途尚不清楚，但有部分证据显示其可能为一浮标，因此这种海百合会随着海流载浮载沉。萼由较大的板片构成底部，而顶部较小的板片则向上延伸至腕部。

体型大小：钵海百合是大型的海百合，高度能超过1米。

时空分布：能在北美洲、欧洲、亚洲和非洲的志留纪到泥盆纪地层中找到。

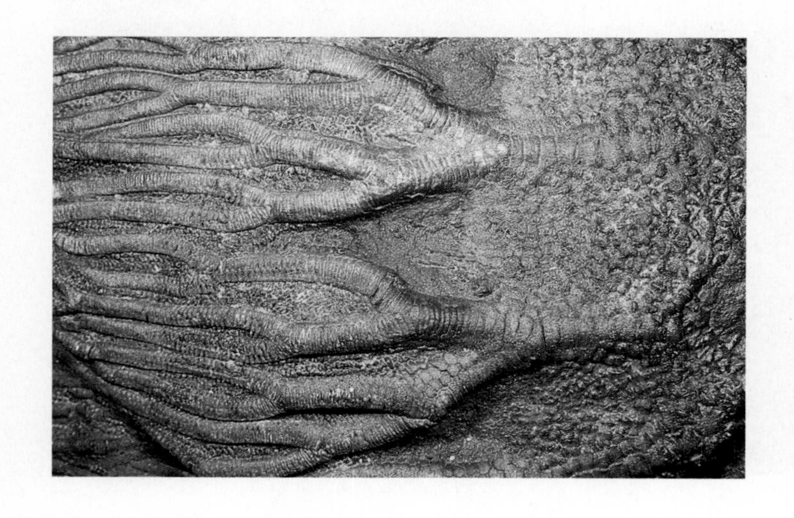

化石故事：这种化石有非常广泛的地理分布，并会经由海流移动。某些地方这种海百合非常常见，其骨板甚至能大量累积成钵海百合石灰岩，例如在美国俄克拉荷马州（Oklahoma）及密苏里州（Missouri）的一些化石点。这种海百合最早出现在北非的艾列尼夫(Alnif)泥盆纪的地层中，而后在奥地利的卡尔尼克（Carnic Alps）阿尔卑斯山脉也多有分布。

巨海百合　MACROCRINUS

巨海百合有着由圆形骨板所组成的细长茎干，其上的萼呈杯状，并由较大的板片组成，并有着厚实圆润的基底构造。萼的上方有 12—16 支腕，如图中所示，这些腕上都有羽支，使其形态有如羽毛。

体型大小：个体高度能达到 5 厘米。

时空分布：这是一种分布于北美洲石炭纪地层中的海百合，图中的化石来自美国印第安纳州（Indiana）。

化石故事：这种海百合常在浅海石灰岩中被发现。

木百合　WOODOCRINUS

这种海百合往往仅露出萼及腕部，且萼部很小。在萼的底部能见到与茎干的交接处，其茎干呈圆形、尖细，且没有“根”来帮助其固着在海床上。萼上的每个腕都从三角形的板片分支成两个较小的分支。

体型大小：一株完整的木百合，高度大约有 10 厘米。

时空分布：发现于欧洲的石炭纪地层。

化石故事：现今已发表许多不同种的木百合，它们在腕及萼的形态上有些许差异。

五角海百合　PENTACRINITES

这种海百合最明显的特征就是带有星形的骨板。它的茎干与其他海百合一样都很脆弱，在石化过程中常断成许

多小片。茎干非常长，且有些会固定在海床上，但也有些能自在地优游。萼部虽小，但其上有许多细长且分叉的腕，覆盖着羽支。有时大量的该类化石会构成某些地层的重要组成部分。

体型大小：高度能超过 1 米。

时空分布：最早发现于三叠纪地层并幸存至今，化石分布于北美及欧洲。

化石故事：这种海百合的现存物种在成体阶段能自由地游泳，但幼体却是固着生活的。

羽丝海百合 CLEMATOCRINUS

多数海百合的化石保存得都很破碎，图中的羽丝海百合也是，仅保存了部分萼及腕，而茎干则已破碎不堪。羽丝海百合有着细长且分支的腕，被羽支所覆盖，而“根”则将纤细的茎干固定在海床上。

体型大小：下图中的化石长 2.5 厘米。

时空分布：分布于北美洲、欧洲、澳大利亚的志留纪地层中。

化石故事：发现这种海百合的石灰岩多形成于浅海环境，珊瑚礁生物是其具有特色的伴生动物群，其中包含有珊瑚、苔藓虫和腕足类。

石莲海百合 ENCRINUS

这种著名的海百合有着堪称完美的五向放射状对称外形。萼部相当扁平并呈杯状，底部由一系列较大且呈五边形的板片构成，其上有两列较小的板片。纤长的茎干由圆形的骨板组成，并与萼部下方的凹陷处相连，这部分大多时候都保存得较为残破。萼上面有 10 支腕，底部都由单独的板片构成，在中间变两倍，而到细长的末端又变回单独

板片的构造。

体型大小：整株高度大约 7.5 厘米。

时空分布：这种海百合发现于欧洲的三叠纪地层，尤其在德国的壳灰岩（Muschelkalk）地层中常可见到石莲海百合的完整个体以及其他海洋生物。图中的化石来自德国的克莱尔斯海姆（Crailsheim）。

化石故事：石莲海百合可能生活在流动的海水之中，萼部面向水流。

海百合骨板 CRINOID OSSICLES

海百合有着板状的结构，其茎干就是由许多石灰质的板状小骨片所组成，上图中展示的就是一小部分骨板结构，标本来自英国北约克郡的石炭纪石灰岩。图中也可以看到一些海百合茎干的碎片。大部分碎片呈圆形，并在中间小孔处有个五向辐射的结构，有些能看到分支的连接处，许多还有精巧的放射状隆起从中央向边缘延伸。

蛇尾纲

分叉阳遂足 FURCASTER

这个精巧的蛇尾类主要的鉴别特征是其较大的中心盘以及又细又长的腕，腕不断变细直至尖端。盘状的身体由板片构成，呈一个完美的五角星形状，腕则被又尖又细的棘刺所覆盖。

体型大小：分叉阳遂足加上腕的长度约 5 厘米。

时空分布：发现于北美、澳大利亚及欧洲的奥陶纪至石炭纪地层中。图中的化石来自德国莱茵兰（Rhineland）布登巴赫（Budenbach）的泥炭纪地层。

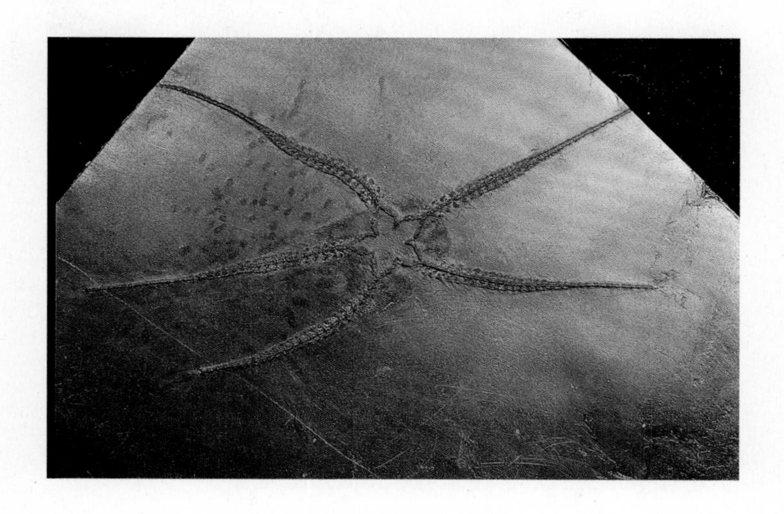

化石故事：这些化石的许多个体常在同一地层中被发现，且这些个体的腕有时都指向同样的方向，代表它们受到海床水流的影响。

奥瑞潘蛇尾 OREPANASTER

蛇尾类在化石记录中非常罕见。现存的蛇尾类往往集群出现，甚至有些腕都缠绕在一起。奥瑞潘蛇尾最大的特征是有个大的中心盘，并在腕的基部具有五个菱形的板。

体型大小：整体直径约 5 厘米。

时空分布：发现于奥陶纪时期的地层中，并广布全球。

化石故事：从集群的生活习性来看，化石的蛇尾类似乎与现今的生活模式没有太大差异。这种大量蛇尾类聚集形成的“海星海床”在地层中也能找到，其中就能发现这

种化石蛇尾类。例如在靠近英国苏格兰南部的格文（Girvan）就有“格文海星海床”，是由奥陶纪的石灰砂岩组成，其中发现蛇尾类以及许多保存完好的化石如三叶虫、软体动物、海胆、珊瑚及腕足类。一份有关该地沉积岩及化石的详细研究指出这些沉积物是由浅海水流快速搬运沉积而来。

拉普沃思蛇尾 LAPWORTHURA

拉普沃思蛇尾有着典型的蛇尾构造，包含中心盘和放射状的腕。中心盘有五个凸起分叉长出弯曲的腕，协助移动的腕则非常纤细，在化石中时常是断裂的。这种蛇尾有着锯齿状的边缘，上面带有小而呈毛状的棘刺。

体型大小：最大能长到直径约 10 厘米。

时空分布：能在欧洲及澳大利亚的奥陶纪及志留纪时代地层中发现。

化石故事：现代的蛇尾类与分布于古生代岩石中的拉普沃思蛇尾有着非常相似的身体构造，代表它们从那个时

期起就是演化上非常成功的类群，并且躲过了多次造成其他物种消失的大灭绝事件。

古蓟子 PALAEOCOMA

这种蛇尾类常常形成大块的化石。中间包含五对三角形的板片，并从每对之间延伸出又细又长的腕，并逐渐变细成一个点，上面有不太发达的棘刺。在某些个体中可以看到腕延伸到身体中心的位置。

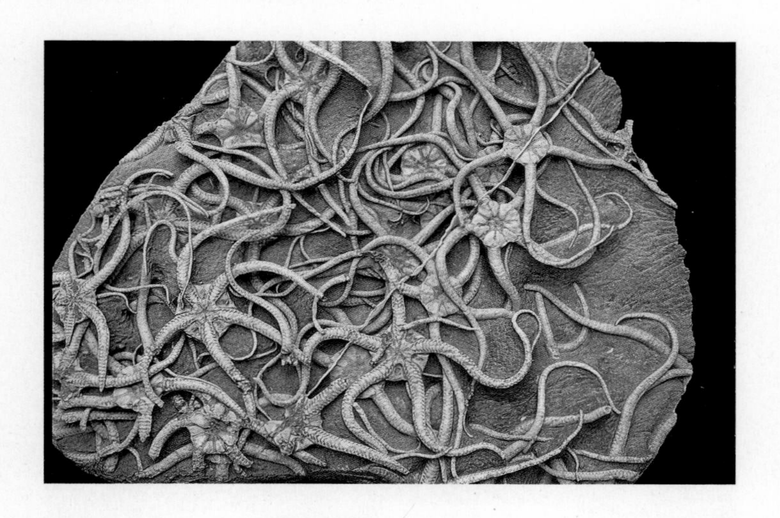

体型大小：一个完整的个体直径大约能到 10 厘米。

时空分布：广布于全球范围的侏罗纪到白垩纪地层中，图中的化石来自英国多塞特郡（Dorset）的下侏罗统地层[1]。

化石故事：这种化石与现今的蛇尾类有许多相似之处，例如都能在浅海环境和退潮时的岩池（Rock pools）[2]中找到。

---

[1] 即侏罗纪早期。——译者注

[2] 又称潮池 (tide pool)，是一种低洼海岸，涨潮时充满海水，退潮时在岩石间形成封闭的小水池。——译者注

海星与海胆

蒙托海胆 METOPASTER[1]

这种特别的海星没有明显的腕，由许多大型板片围成了典型的五向辐射对称的身体。这些板片常常是支离破碎的，看起来就像牙齿。这些包覆主体的板片在构造上非常多变，底部由一系列组合起来的板片和步带及间步带构成，然而在顶部则变成许多非常小且不规则的板片。

体型大小：直径可达 5 厘米。

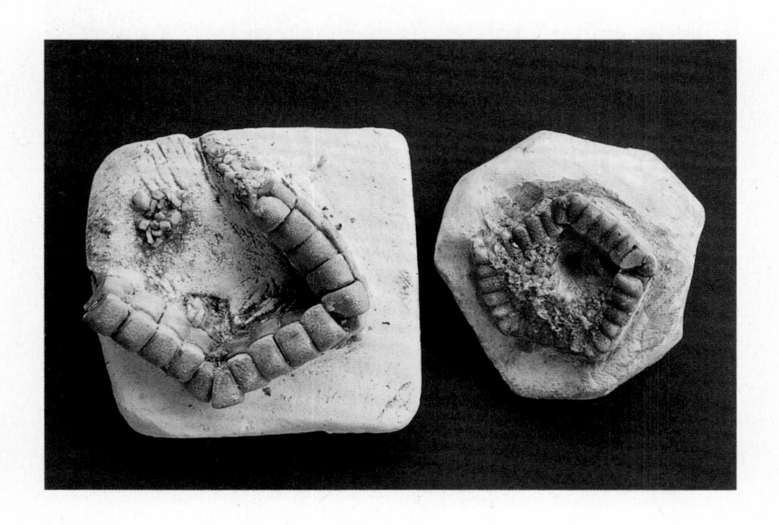

[1] 虽然中文常用名称为“海胆”，但实际上是一种海星。——译者注

时空分布：这种海星分布于北美洲、新西兰及欧洲的白垩纪到中新世地层中。

化石故事：这种海星的化石记录展示出了极为缓慢的演化速率。

厚盾海胆 CLYPEUS

这种特殊的海胆有着扁平的体壳，由狭窄、瓣状的步带分开。这些步带由体壳的中心向外辐射延伸，而体壳中心则由步带的边缘共同构成了细裂状的开孔。在离口侧的位置有一条很深的凹沟从体壳的边缘几乎延伸到中心，肛门就位于这一凹沟之中 。在口腔另一侧可看到口部在接近中央的位置。整体的体壳表面布有许多小孔。

体型大小：直径可达 10 厘米。

时空分布：在欧洲、非洲及澳大利亚的侏罗纪地层中都很常见。

化石故事：厚盾海胆与现今某些海胆有非常相似的结构，它们可能都生活在较为平静的海床之上。

头帕海胆　CIDARIS

头帕海胆是一种形态非常典型的海胆，有着圆润的体壳且口腔和肛门都在身体中央，而步带的板片则呈狭带状。在体壳上有许多凸起，标示着粗大的棒状棘刺所附着的位置，这些棘刺常常在化石形成过程中破碎丢失。体壳上还有许多不同的装饰，比如一些小凸起和孔洞。

体型大小：大约能长到 3 厘米。

时空分布：从侏罗纪时期至今的全球范围内地层中都有分布。

化石故事：现存的头帕海胆会运用棘刺在海床上四处移动。

尾星海胆 PYGASTER

这是一种特殊的海胆，有着非常扁平的体壳并被许多小凸起所覆盖，这意味着这种生物在活着的时候身上应当长有许多小棘刺。这种海胆外观呈五边形，细长的步带区域接近笔直。肛门不在身体中央，连同肛围（包围在肛门附近的一组板片）的整个外形貌似钥匙孔。

体型大小：上图中化石大小是本属的典型大小，直径约 6 厘米。

时空分布：能在欧洲的侏罗纪到白垩纪时期的地层中找到。

化石故事：和许多比较特殊的海胆一样，星尾海胆也会钻到海床的沉积物之中。化石证据显示它们会栖息在浅海珊瑚礁侵蚀形成的泥岩或鲕粒沉积物之中。

小蛸枕海胆　MICRASTER

这类海胆被研究得非常透彻，尤其是在白垩纪期间不同种类之间的演化。它们随着时间而出现了更高、更宽的体壳，步带也随之加长，前方的凹沟加深，嘴巴也逐渐演化得趋于靠前。小蛸枕海胆有着标志性的心形体壳，并被许多小凸起所覆盖，这些凸起在口腔和离口一侧有着明显的不同。步带呈瓣状且粗短，仅分布在离口侧。肛门位于体壳后侧的高处位置，而在口腔侧的嘴巴则有明显的唇（labrum）包覆其上。在口腔的后侧边缘没有唇的地方有块平坦且宽广的区域被许多紧密成簇的凸起所包覆，称为盾板（plastron）。

体型大小：一般直径能长到 5 厘米。

时空分布：在欧洲、北非、马达加斯加和古巴的白垩纪到古新世时代的地层中均有发现。

化石故事：这是一种会挖洞的海胆，与现生的心形海胆（*Echinocardium*）非常相似，会在柔软的沉积物上钻洞，且时常被冲刷到海滩上。根据一些研究推测，在演化过程中不同种的小蛸枕海胆可能会挖掘出不同深度的洞。

棘球海胆 ECHINOCORYS

这是一种特殊的海胆，有着圆拱形的体壳。体壳底部平坦，从上方俯视大致呈椭圆形，因此左右对称。步带几乎笔直并有两条对称的小孔，间步带区域则很宽，并被许多小凸起所覆盖。在口腔侧较前端的位置有个新月形的开口是它的口部，而肛门则与口部相反，在靠后端的位置。口腔侧的那面体壳上孔洞比较少。

体型大小：能长到直径约 8 厘米。

时空分布：在北美洲、欧洲、俄罗斯和马达加斯加的

白垩纪及古近纪岩石中都能找到。

化石故事：这种海胆生活在柔软海床、石灰质泥土的浅层潜穴之中。

半孔海胆 HEMIPNEUSTES

半孔海胆是一种有着高耸圆拱状体壳的特殊海胆，呈两侧对称。凸起的上部表面非常光滑，有着狭窄而弯曲的步带区域，其上有两列裂缝状的小孔，前方的步带则沿着一个沟槽延伸至前端下方。口围呈新月形并位于口腔侧的前端，肛围及肛门也都在这一侧。

体型大小：这是白垩纪最大的海胆之一，直径能长到超过 10 厘米。

时空分布：分布于欧洲白垩纪的地层中。

化石故事：现生的近亲物种栖息在印度洋中，最深的记录能达到 900 米。

全雕海胆 HOLECTYPUS

这种特殊的海胆从上面看整体呈圆形，从侧边看则是半球形。圆拱形的体壳在口腔侧较为平坦，稍微凹陷，非瓣状的步带整体延伸到体壳的周边。嘴巴和肛门都长在口腔侧。肛门的边缘有个椭圆形的肛围，具体位置则随属种而有所变化，嘴巴则位于中心。体壳表面有小凸起，尤其在口腔侧更为粗糙。

体型大小：直径可达 3 厘米。

时空分布：来自北美洲和欧洲的侏罗纪到白垩纪的岩石中。

化石故事：这种化石所展现出的特征显示，它可能是介于一般和特殊海胆之间的演化阶段。

衍骨星海胆　DENDRASTER

体壳整体呈椭圆形且非常扁平，短缩的瓣状步带上有对称、成列的裂隙状小孔。步带从中轴系统靠后的地方向外延伸，并在体壳后方更为短小。在口腔侧有一个浅沟沿着中轴系统向肛门延伸。

体型大小：直径能长到约 8 厘米。

时空分布：分布于北美洲从白垩纪到现代的地层中，尤其在美国加州的凯特曼丘陵（Kettelman Hills）最为常见，当地许多岩石都是由它的化石体壳所组成。

化石故事：这种海胆也常被称为“沙钱”（sand dollar），它的生活方式是将体壳的前半部没入海床沉积中，而后半部则在海水之中。

拉文海胆　LOVENIA

这种特殊的海胆有些体壳是心形的，另外一些则具有圆形的外观。从侧边看，体壳有着垂直的后方边缘，肛门就位于这一部分的偏高处，而嘴巴稍微呈新月形且位于口腔侧偏前的地方。它的步带非常特别：其中四个非常短粗，都只在离口侧表面；而前端的步带则不呈瓣状也没有其他四个明显，随着一条浅沟延伸到体壳边缘。间步带则有许多较大的凹陷结节。

体型大小：能长到直径 5 厘米。

时空分布：在澳大利亚从始新世至今的地层中都很常见。

化石故事：如今这种海胆栖息地非常广泛，在浅海和深海之中浅浅地隐藏在泥沙之下。

盾海胆 CLYPEASTER

盾海胆是一种有着接近五边形外观的特殊海胆，从侧面看呈圆拱形，并有内部的支撑结构。在体壳的底面中央有个深陷的空洞，嘴巴及口围就位于那里。五个又深又细长的凹沟延伸向口部，这些凹沟中都有纤毛，可以用来制造水流以获取食物。肛门位于口腔侧较后端的位置。奇异的步带是盾海胆的一个标志性特征，它们都很短小且形似梨子，在离口侧从中心向外延伸，边缘则有裂隙状的小孔。

体型大小：这是最大的海胆之一，直径能长到 15 厘米。

时空分布：广布于全球范围的始新世到现代的岩石之中。

化石故事：现存的盾海胆生活在热带浅海之中，会将身体的一部分钻到沉积洞穴中。

两孔海胆 AMPHIOPE

这种特殊的海胆有着非常扁平的体壳，外观非常奇特，整体呈椭圆形，但在后端边缘却有两个明显的缺口。它的步带非常短且呈瓣状，而步带的中心则有许多大孔在离口侧中央围成一圈。嘴巴则位于口腔侧的中央，并从嘴巴处伸出许多分叉的沟槽延伸至体壳边缘。肛门在口腔侧偏后端，两个缺口正中间的位置。

体型大小：图中较大的化石直径 3 厘米。

时空分布：两孔海胆的化石出现在欧洲和印度渐新世到中新世的地层中。

化石故事：跟其他扁平状的海胆一样，这种海胆也栖息在海床上。

顶孔沙钱 ENCOPE

这种特殊海胆可通过以下特征进行辨认：圆形的体壳上长着巨大的孔洞，且五个孔洞都在瓣状步带的末端。步带边缘有许多裂隙状的小孔。嘴巴位于口腔侧中央，并有一系列的小沟从中央向外延伸，可以引导食物进入口中。肛门也位于口腔侧。

体型大小：这种海胆直径能长到约 10 厘米。

时空分布：在南、北美洲及印度西部的中新世至今的岩石中均可发现，右图中的化石来自美国加州。

化石故事：现存的顶孔沙钱有大量的小棘刺覆盖在体壳表面，使其有着毛茸茸的外观。

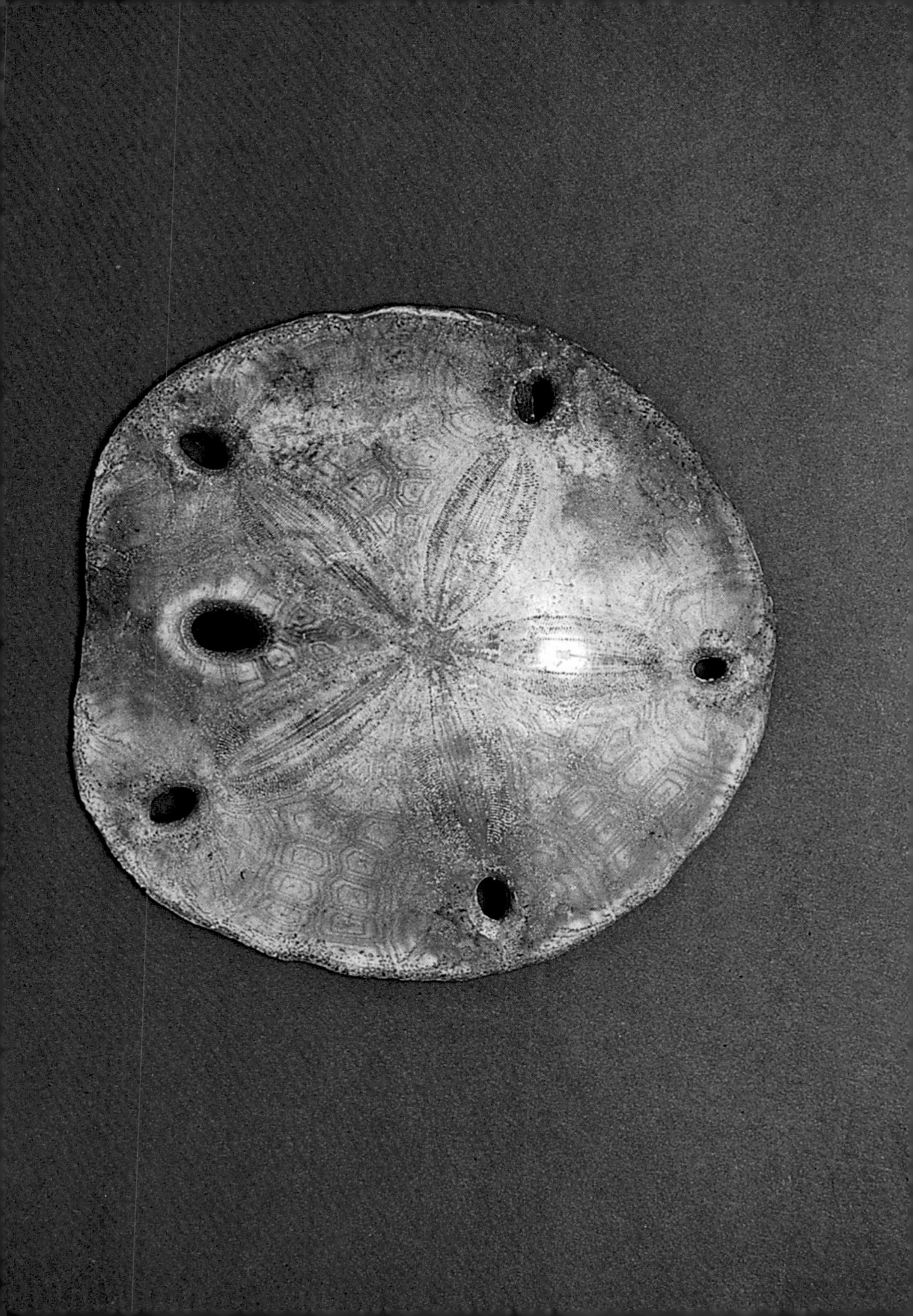

四　腕足动物

腕足动物是一类带壳的生物，有着非常悠久的地质历史，像小舌形贝（*Lingulella*）这类原始腕足类就能追溯到寒武纪时期。这类生物的成员虽然延续至今并生存于许多海洋环境中，但数量上已不如往昔那样繁盛。腕足动物的化石发现于许多不同的沉积岩石中，说明其中许多种类能分别适应各种不同的海洋环境。

腕足动物的壳有两瓣，且这两瓣的大小和结构都不相同。较大的称为“茎壳”，在狭窄的那一端即后端有一个小孔让肉质的茎通过，称为“肉茎突出”（pedicle protrudes），这个肉茎能帮助腕足动物固着在海床、藻类或其他东西上。某些如小舌形贝等原始的腕足类能够掘穴，肉茎则能帮助它们将贝壳固定在潜穴的底部。小的那瓣称为“腕壳”，其内部有个石灰质的腕所支撑的捕食器官称为“触手冠”（lophophore）。触手冠被许多细小的纤毛所覆盖，这个构造是当海水从贝壳的前端开口流入时用来捕捉食物的。有铰腕足纲（Articulata）的壳体由纤维状方解石组成，其壳瓣可以借助一套展肌（diductor muscles）和闭壳肌（adductor muscles）进行开合。而在不那么进步的无铰腕足纲（Inarticulata）中，其壳体则由几丁磷灰质（chitino-phosphatic）组成，并且无法进行壳瓣的开合。

双壳软体动物（蛤蜊、牡蛎、樱蛤以及一些相关类群）和腕足动物是两个完全不同的门类，在生物学上天差地远，但在壳体结构上确有相似，尤其在辨认化石材料时常常会混淆。这两个门类的贝壳都是两瓣的，在壳的外部表面也都饰有生长线、放射肋以及一些棘刺。内部结构上，大部分的双壳类在贝壳边缘有两条明显的肌肉附着痕迹，有时会与外套线（pallial line）交合；腕足动物成对的肌肉附着痕迹则更接近后端的喙部，且在壳内可能有环状或螺旋结构。这两个门类的对称形式则有明显区别，大多数双壳软体动物的对称轴在两瓣贝壳之间，两瓣贝壳各自呈镜像；腕足动物的两个贝壳瓣则明显不同，对称轴在贝壳瓣的中心，呈左右对称。腕足动物的茎壳一般较大并且上面有个开口让肉茎通过，腕壳则普遍较小。

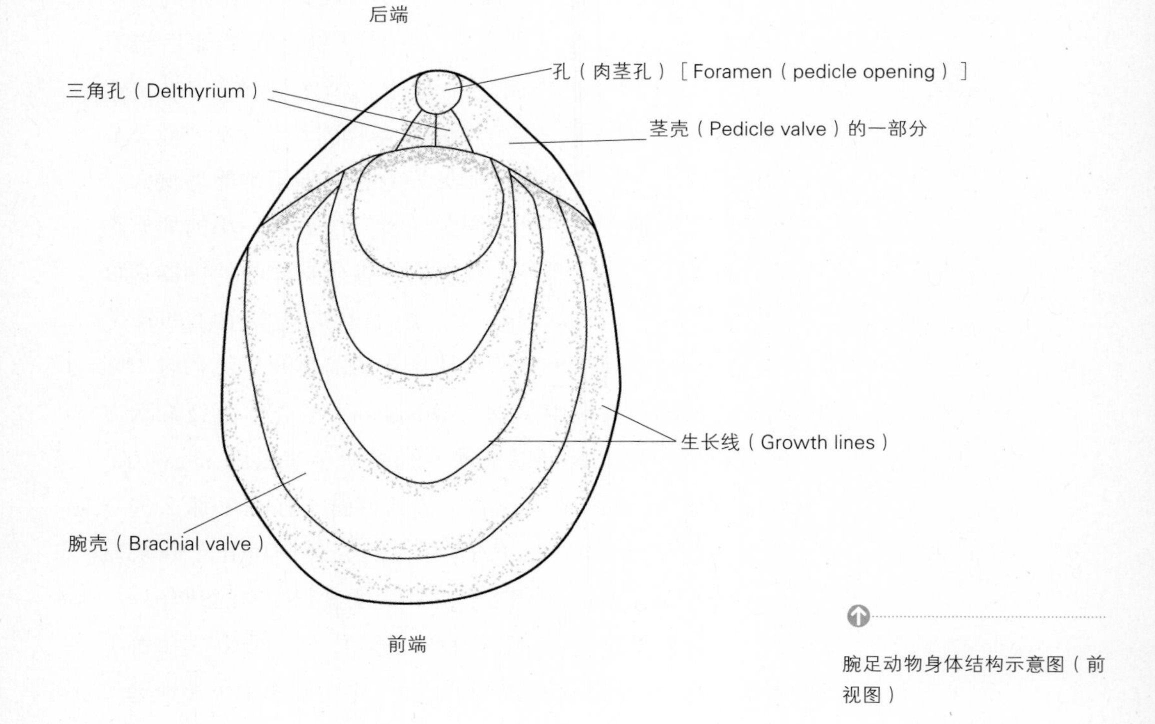

腕足动物身体结构示意图（前视图）

海豆芽 LINGULA

这种无铰腕足动物的特征是外壳薄且呈椭圆形、壳上有着同心圆的生长线。两瓣贝壳的表面都是凸起的，并且有个比较明显的喙，而生长线揭示了贝壳幼年时的体型大小。内部结构上，有时能在贝壳上看到肌肉的附着痕迹。两瓣贝壳的大小几乎相同并呈两侧对称，而壳的成分则是几丁磷灰质，而不像其他多数腕足动物是碳酸钙质的壳。在上图中可见某些化石上仍保留有浅褐色的原生壳面。

体型大小：长度能长到约 4 厘米。

时空分布：广布全球范围于奥陶纪至今的地层中，图中的化石来自英国诺桑比亚（Northumbria）的石炭纪地层。

化石故事：现生海豆芽能在柔软的沉积物中挖到 30 厘米深，它的贝壳会以一根细长的肉茎将自己固定在挖掘的洞里。略为张开的前端伸出洞穴的顶端，方便进行饮食。在受到干扰时，贝壳可以通过肉茎的收缩而钻入土中。它生活在海洋及盐水环境中，可以提供很好的环境指标。

小舌形贝　LINGULELLA

小舌形贝在许多特征方面和海豆芽很像，但它出现的地质年代却晚了很多。椭圆形的外壳上有着较为模糊的生长线，表面凸起。在贝壳内部有着放射状的细致线条。肉茎通过茎壳上的一个浅窝伸出。

体型大小：长度能长到 3 厘米。

时空分布：广布于全球范围内从寒武纪到奥陶纪的岩石之中，图中的化石则来自英国的北威尔士。

化石故事：这种无铰腕足动物中的某些种类可能和海豆芽一样会挖洞，但其他的则更可能栖息在海床之上。

石燕　SPIRIFER

这种有铰腕足动物的特色是铰合线（hinge line）[1]非常笔直。两瓣壳体的大小不一，茎壳比腕壳大。如图所示，茎壳几乎被腕壳所完全遮盖住，除了在铰合线处可见到茎壳弯曲向前。壳上有个一般称为中槽（sulcus）的皱褶，它从中央向外延伸，许多强壮的放射肋则从喙向外发散。生长线大多模糊不清，有时壳面会长有一些小棘刺。

体型大小：宽度可达 4 厘米。

时空分布：广布于全球范围内的石炭纪地层中。

化石故事：石燕的内部结构与许多其他腕足类不同，腕骨（brachidia）是用来支撑捕食的触手冠的构造，在石燕上该构造呈复杂的螺旋形。当在化石中两瓣壳体打开时，常可见到这种腕骨构造。

---

[1] 指两瓣的壳在开闭时后方相互连接的线。——译者注

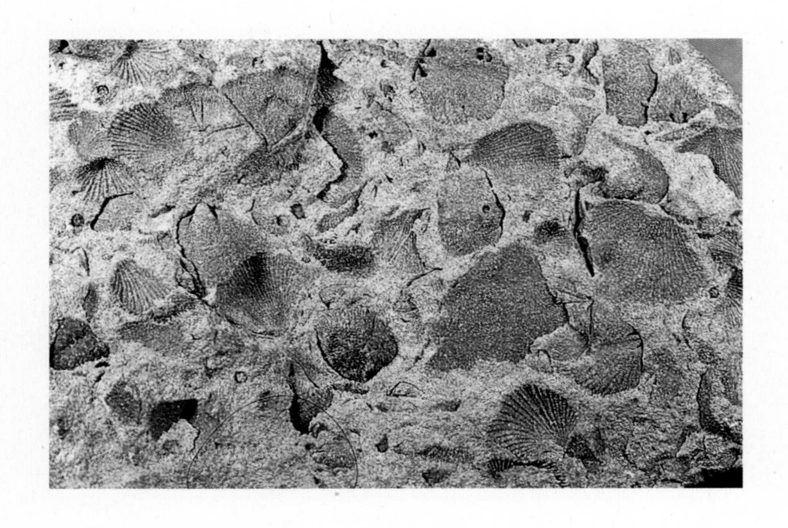

正形贝　ORTHIS

这种有铰腕足动物有着较为圆润的贝壳轮廓，凸起的茎瓣比微凸起的腕瓣大。放射肋从喙部向贝壳边缘发散。铰合线较直，但并不是贝壳最宽的部分。某些种类的正形贝的壳体内部可见明显的肌肉附着痕迹。

体型大小：一种小型的腕足动物，宽度约能长到2厘米。

时空分布：在全球范围内的奥陶纪时期地层中都能找到。

化石故事：图中大量小型正形贝都来自英国什罗普郡（Shropshire）的云母砂岩中。这类腕足动物后来很有可能演化出了石燕及相关类群。

无洞贝　ATRYPA

无洞贝是一种轮廓圆润的有铰腕足动物，有着扁平的茎瓣和凸起的腕瓣。铰合线短而直，且在贝壳的前端部分有个稍微弯曲的结构，而又窄又尖的喙部则弯曲至前端的腕瓣上。在贝壳的外部表面点缀有放射肋和同心生长纹。内部则有一个螺旋状的复杂腕骨。

体型大小：能长到宽度约 2.5 厘米。

时空分布：发现于全球范围内的志留纪到泥盆纪地层中。

化石故事：无洞贝在幼体时会用肉茎将自己固定在海床上，但成体后肉茎就失去功能，改为借助腕壳的重量而停驻于海床上。

长身贝 PRODUCTUS

这种著名的有铰腕足动物有着半圆形的轮廓和一条笔直的铰合线。茎瓣明显凸起并有着圆润的喙，而腕瓣则扁平或稍微凹陷。贝壳表面的装饰物包含放射肋以及波浪状的生长纹，有时还会有些小隆起或棘刺。

体型大小：这种腕足动物能长到宽度约 4 厘米，而一些近亲像是大长身贝（*Gigantoproductus*）则能长到超过 15 厘米。

时空分布：广布于全球范围内的奥陶纪至二叠纪地层中。

化石故事：壳体上的棘刺能长到很长（在某些种类中甚至比壳体都还要长），用来帮助腕足动物把自己固定在海床上的柔软沉积物中。

薄皱贝 LEPTAENA

这种有铰腕足动物的特征是茎瓣凸起而腕瓣凹陷。贝壳的轮廓接近四边形，铰合线笔直，并在两端都有延伸。贝壳上的纹饰包括同心状的隆起，在某些化石中还会呈波

浪状，从喙部有许多细条纹向外延伸。贝壳后方的条带则有非常陡的弯曲。

体型大小：这种腕足动物宽度能长到约 5 厘米。

时空分布：广布于全球的奥陶纪、志留纪和泥盆纪地层中。

化石故事：薄皱贝在构成浅海大陆架的石灰岩中很常见。

圆凸贝 ORBICULOIDEA

这种贝壳属于无铰腕足类，有着圆形的轮廓，锥形的腕瓣和平坦的茎瓣，而图中可看到的是两个腕瓣。在茎瓣后缘上有个凹沟顺着轴线延伸，这就是给小型肉茎通过的开口。壳面上的纹饰有着同心状的生长纹以及一些模糊的放射肋。

体型大小：直径能长到大约 2 厘米。

时空分布：这种腕足动物能在奥陶纪到二叠纪的地层中找到，广布全球。

化石故事：跟其他无铰腕足动物一样，原生的贝壳是几丁磷灰质的。

穿孔贝 PYGOPE

穿孔贝有着三角形的贝壳轮廓，非常易于辨认。光滑的贝壳上有同心状的生长纹并在中间有个浅沟，某些种类甚至会以此分成明显的两叶。在浅沟上有个开口可以用来排出水分，而海水则从贝壳上的小孔流入。肉茎孔很大，肉茎从这个孔伸出并将贝壳固定在海床上。

体型大小：这种有铰腕足动物长度能长到 8 厘米。

时空分布：来自欧洲的侏罗纪和白垩纪地层中，左图中的化石来自意大利的维罗纳（Verona）。

化石故事：穿孔贝栖息在深邃平静的海洋环境中，其贝壳的形状会随着生长阶段而改变，左右两叶会愈合在一起并在贝壳中间形成一个“钥匙孔”形的结构。

假舌孔贝 PSEUDOGLOSSOTHYRIS

这种无铰腕足类在贝壳上鲜有纹饰，只有一些同心状的生长纹。图中可见到较大的茎瓣上有肉茎孔，而孔的前面就是较小的腕瓣，两瓣贝壳都轮廓圆润且凸起。活着的时候，这种腕足动物的肉茎会从大的肉茎孔伸出并将自己固定在海床上。

体型大小：假舌孔贝长度能长到约10厘米。

时空分布：发现于欧洲的侏罗纪地层中。

化石故事：图中的化石上可以看到其上黏附着小片的鲕粒灰岩，这种岩石会在较浅及扰动较多的海水中形成，因此可以作为判断这种腕足动物生活环境的指标。

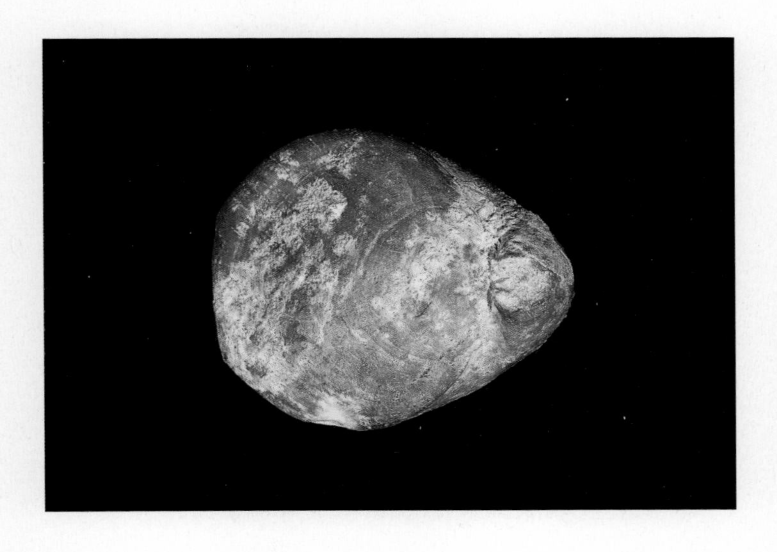

歪嘴贝 TORQUIRHYNCHIA

这种贝壳属于一类常见的腕足动物，称为“小嘴贝”（rhynchonellids），这个类群兴盛于中生代并开枝散叶演化出了许多属种。歪嘴贝是有铰腕足类，有着明显大于腕瓣的茎瓣。两瓣贝壳的表面均凸起且整体形状圆润，而贝壳上主要的纹饰就是凸起的放射肋。

体型大小：这种腕足动物直径能长到5厘米。

时空分布：发现于欧洲以及俄罗斯的侏罗纪时代岩石中。

化石故事：歪嘴贝栖息在浅海环境中并固着在海床上。

史提佛贝　STIPHROTHYRIS

有着较为滑顺的贝壳，其上仅布有同心状的生长纹。图中可以清楚看到大的肉茎孔和褶皱的贝壳前端部分，壳体有着两个滑顺的隆起并在其间有个深凹。在破碎的腕瓣内可以看到环状的腕足被结晶方解石所包覆。

体型大小：这种有铰腕足类能长到约 5 厘米。

时空分布：来自欧洲的侏罗纪地层中。

化石故事：除了前述的“小嘴贝”外，还有另一个类群在中生代腕足动物中也很常见，称为“穿孔贝”（terebratulid）型。这类腕足动物有着加长的外壳，并有很多属种活到了今天。

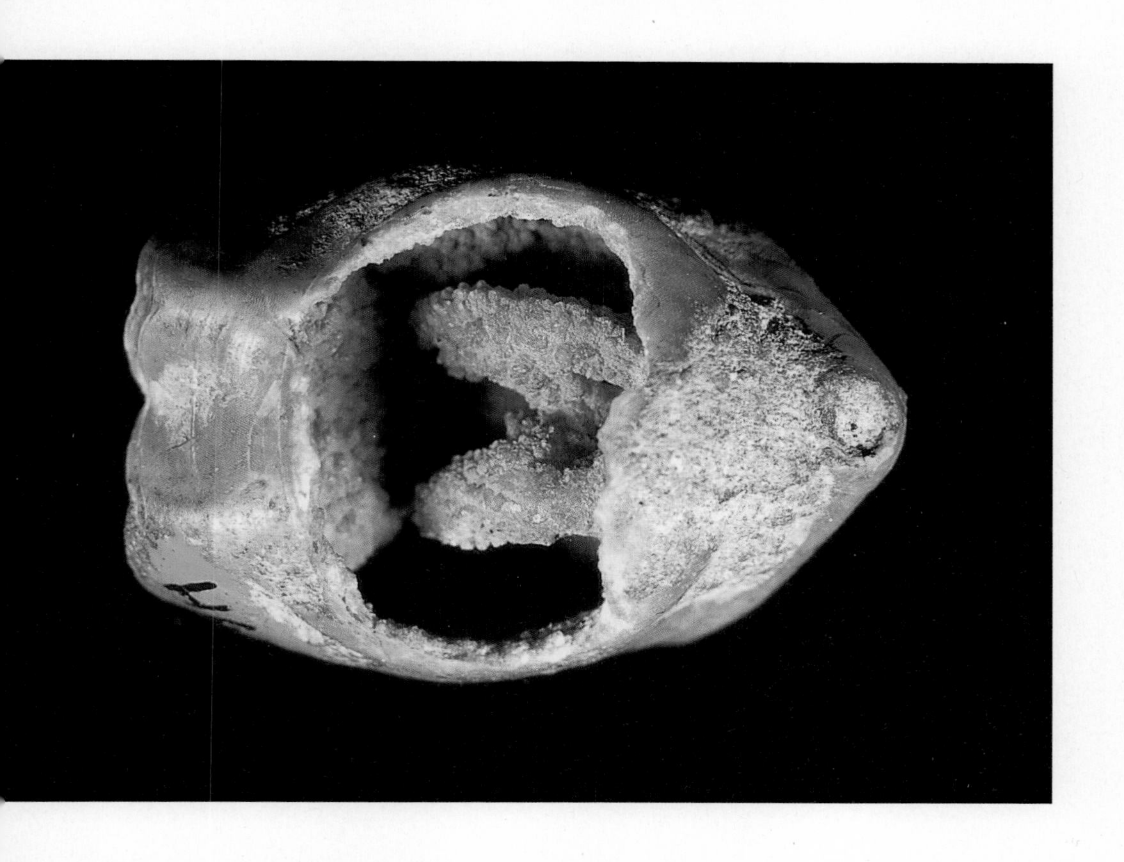

小鸟头贝　ORNITHELLA

小鸟头贝是常见的穿孔贝型类群的另一个代表，外壳极具标志性，有着加长的轮廓、笔直的前端和加宽的后端。每一瓣贝壳表面都是凸起的，且肉茎孔很小，壳上唯一的纹饰是紧密排列且同心状的生长纹。

体型大小：这是一种小型的有铰腕足类，长度只能达到 2.5 厘米左右。

时空分布：分布于欧洲侏罗纪时代的地层中。小鸟头贝固着在海床上呈小集群分布，且茎瓣一律朝上。它们的肉茎可能都很长，才能支撑起整个贝壳使其略为高于海床。

化石故事：其内部与许多穿孔贝型腕足动物一样都有环状的短腕足，这一类的腕足动物在分类时除了可以观察外部的形态外，还可以通过这个环状结构的大小和形状来区分。

圆环贝 CYCLOTHYRIS

这种有铰腕足类的壳体有着标志性的三角形轮廓，并在尖锐的喙部有个小的肉茎孔。两瓣壳体的表面都是凸起的，纹饰包括放射肋及同心状的生长纹。贝壳的前缘则为褶皱、蜿蜒的形状，被认为用来防止较大的沉积物在贝壳打开时乘虚而入，这个特征在腕足动物的化石里不算罕见。

体型大小：这种腕足动物宽度能长到 2.5 厘米。

时空分布：发现于北美洲和欧洲的白垩纪地层之中。

化石故事：圆环贝会成小集群固定在海床上，许多小嘴贝型的腕足动物也都过着这样的生活。贝壳前端蜿蜒的褶皱在某些泥盆纪的腕足类、某些侏罗纪类群以及白垩纪的圆环贝上都可见到，但在其他时代的类群中则缺乏此特征。

四射贝 TETRARHYNCHIA

有许多小嘴贝型腕足类典型的特征，如小型的贝壳上布有明显的放射肋，前缘有明显的褶皱。凸起的壳瓣上有着模糊的生长纹，喙部尖锐且有个小的肉茎孔。

体型大小：通常这种小型腕足动物直径大约在 2.5 厘米，但也有像图中化石那样长大至 14 厘米的。

时空分布：来自北美洲及欧洲的侏罗纪地层中。

化石故事：四射贝的化石发现时大多是小集群或是一整“窝”，并且都固着在海床上生活。侏罗纪时期的海床上有些有着浅而硬的岩石表面，这些表面可能多次高于海平面而受到侵蚀。当这样“硬底”的表面淹没在海平面下时，丰富多样的集群生物就聚集在这里，包括海百合、珊瑚、双壳类软体动物以及腹足类动物都和四射贝一起生活在这样的环境中。

酸浆贝 TEREBRATELLA

这种穿孔贝型腕足动物有着椭圆形的贝壳且两瓣都是凸起的，而在图中可以看到茎瓣在腕瓣的后方。贝壳表面装饰有生长纹和放射肋，某些种类的放射肋在贝壳前缘还会一分为二。图中可清楚看到小的肉茎孔，它的下方有一个叫作三角孔（delthyrium）的三角形区域，由两块板片所构成。

体型大小：这种腕足动物长度能长到 5 厘米。

时空分布：广布于全球各地的白垩纪时代地层中，图中的化石则来自法国。

化石故事：酸浆贝的生活方式是通过其肉质的茎将自己固定在海床上。

五　节肢动物与笔石

节肢动物是最为千变万化且成功的动物门类之一，其中的成员有些能遨游于深海和淡水，也有些在地面蠕动，还有的甚至能翱翔天际，从蜻蜓、蝎子、龙虾到蜘蛛都囊括其中。这些生物都有个相同的固定特征，即它们身体分节并有外骨骼包覆在每个活动分节上。随着它们生长，这些外骨骼会反复地被脱去，这个过程称为“蜕皮”。节肢动物有着复杂的神经系统和脑，心脏能将体液循环至全身，鳃或分支的管状系统（气管）能将空气直接带往身体组织。附肢的数量很多，包含足部和触角，且许多节肢动物也都有极佳的视力。这一门类的成员最早的化石记录发现于寒武纪时代。

三叶虫大概是最广为人知的化石节肢动物，长轴的“三叶”在其胸节处最为明显。胸节也是身体中最大的部分，大多包含一个中轴和由许多小的横向分节所组成的侧叶。前端的头甲包含复眼和中间的头鞍，内部可能容纳了主要的神经系统。尾甲或尾巴在后端，其构造大多和胸节相似。三叶虫就跟其他节肢动物一样，会随着生长而蜕去自身的外骨骼，也就是说每个三叶虫个体都可能产生很多化石，许多细碎的三叶虫化石不过是其蜕皮的产物。三叶虫有许多附肢，包含了足部和触角，有些类群无疑能够用其漫步在海床上，其他则可能可以悠游在海水中。分节的外骨骼构造则让三叶虫可以蜷曲自己的身体来抵御外敌。这种生

鬼虾（*Eryon*）。这件海洋节肢动物的化石标本保存得相当精美，甚至连平时脆弱得难以保存的触角都能看清细节，在甲壳下的构造也都得以保存，因此能见到所有的足部和螯。这件化石来自英国多塞特郡莱姆里吉斯（Lyme Regis）附近的侏罗纪岩石

物最先被发现于寒武纪时代，并在二叠纪灭绝。

除三叶虫以外的节肢动物化石则比较罕见，在泥炭纪地层中能发现海蝎（eurypterids），其中某些种类甚至能长到超过 2 米；而在石炭纪的岩石中则有蜻蜓和蜘蛛化石，有些蜘蛛化石非常精美，且外观和现生的盲蛛（harvestmen）很像。到了中生代，昆虫开始迅速演化，人们在德国南部索伦霍芬的侏罗纪岩石和英国多塞特郡的黑侏罗统（Lias，属于侏罗纪早期）地层中，发现了丰富的昆虫化石，包括蟑螂、蜻蜓、蜉蝣和蝗虫。螃蟹、龙虾等甲壳亚门（Crustaceans）的化石则在中生代和新生代分布广泛。此外，节肢动物也会留下痕迹化石见证它们的活动，包含一些潜穴和爬迹留在地层里面或表面，甚至有时还能找到被石化于潜穴之中的节肢动物。

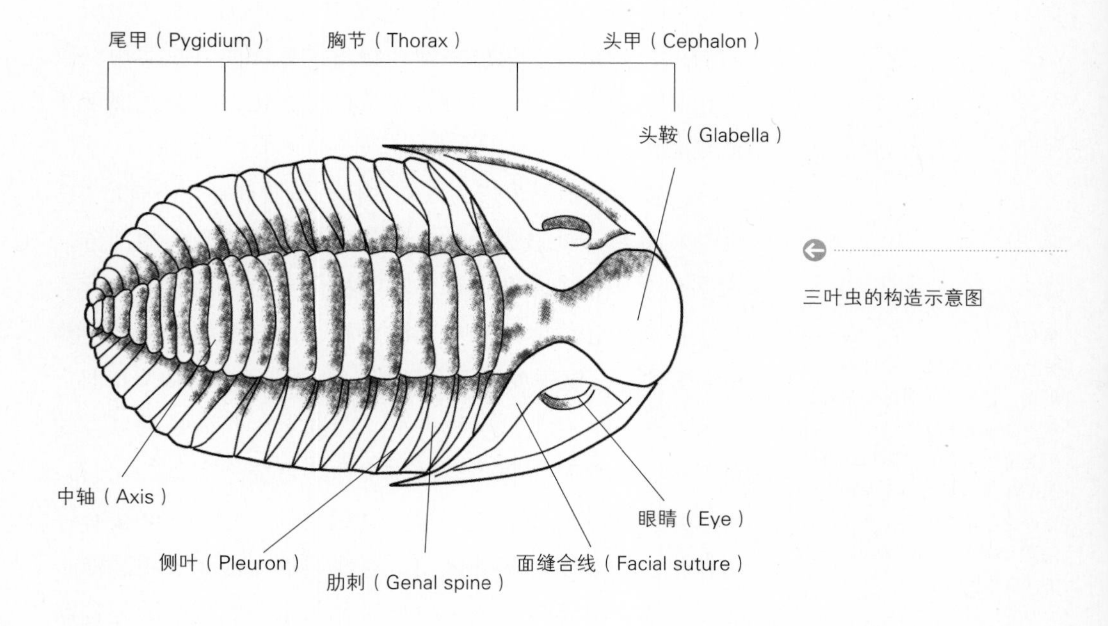

三叶虫的构造示意图

三叶虫

蝙蝠虫 DREPANURA

这种三叶虫一般只保留了形状怪异的尾甲，图中就是两个尾甲和许多小碎片。尾甲上有两个长且弯曲的棘刺，这两个棘刺间还有许多小刺。蝙蝠虫的中轴短而宽，头甲中间狭窄的头鞍上有三个凹陷，眼睛沿着边缘生长，胸节上有着 13 个带刺的分节。

体型大小：图中的尾甲全长 2.5 厘米，整体可以长到 5 厘米。

时空分布：来自欧洲和亚洲的寒武纪地层，图中的化石来自中国。

化石故事：这种三叶虫在远东地区已有上百年广为流传的传说，相传中国的术士就会使用它们。

球接子 AGNOSTUS

球接子是种容易辨认的三叶虫，它仅有两个胸节被挤压在较大的头甲和尾甲之间。头甲的头鞍狭窄且有个深陷的凹沟将头部分成两半，头上没有眼睛。尾甲的边缘很宽，在某些化石中还能看到两个短刺。

体型大小：球接子是一种非常小型的三叶虫，一般长约 1 厘米。

时空分布：广布于全球的寒武纪地层之中。

化石故事：来自瑞典西哥得兰（Västergötland）的化石，经过精细的研究后，人们发现其附肢的特征与一般三叶虫不同。这一点和其他一些特征让人们怀疑有关球接子是否属于三叶虫的分类，而图中的大量化石就来自西哥得兰。

椭圆头虫　ELLIPSOCEPHALUS

这种三叶虫的头甲是全身外骨骼最宽的部分，有又大又圆的头鞍和圆润的侧颊，头甲的边缘平滑，没有棘刺。紧邻的胸甲有 12—14 个分节，在两侧分节和胸甲中轴间有个浅凹将二者分开，侧叶则在远端分裂成两瓣。

体型大小：体长可达 4 厘米。

时空分布：发现于北美洲、北非、欧洲和澳大利亚的寒武纪地层中，图中的化石来自前捷克斯洛伐克[1]，可看到两个化石个体和一个它的印痕化石。

化石故事：这种三叶虫第一次被记载并描述是在 1825 年，也是最早被发现的三叶虫化石之一。

---

[1] 现为捷克共和国和斯洛伐克共和国。——译者注

胸针形球接子　PERONOPSIS

这种三叶虫的身体结构和球接子（*Agnostus*）很像，都很容易和一般的三叶虫进行区分，仅有两个胸节。这些胸节具有两侧和中轴的结构。头甲上有个深陷的凹沟将头鞍与平滑的侧颊分开，头甲的边缘还有个浅凹，还有个凹沟将头鞍分成两部分。尾甲上有个宽广的中轴延伸到边缘。

体型大小：胸针形球接子长度能长到约 0.8 厘米。

时空分布：来自北美洲、欧洲和西伯利亚的寒武纪地层，图中的化石来自美国的蒙大拿州（Montana）。

化石故事：胸针形球接子的尾甲上没有棘刺，这是与球接子最大的不同（少数球接子也没有该特征）。

欧尼尔虫 ONNIA

欧尼尔虫最具特色的是硕大的头鞍和延伸的侧颊棘（genal spines），长度甚至能到三叶虫身体甲壳的两倍。头甲上有个很大的头鞍，且两侧有圆润的双颊，没有眼睛。头甲的边缘有许多特殊装饰，由许多小凹陷或是小孔所构成。短小的胸节仅有五个分节，且中轴并不明显，短小的三角形尾甲与胸节的构造相似。这种三叶虫常常只找到头甲的化石，又细又长的棘刺大多很难保存下来。

体型大小：是一种较小型的三叶虫，长度大约在 2.5 厘米。

时空分布：发现于欧洲、南美洲和非洲的泥盆纪岩石之中，图中的化石来自北非摩洛哥的阿特拉斯山（Atlas Mountains）。

化石故事：围绕在头甲边缘的小孔，其功能尚有争议，其中一个假说认为是用来测量水压或水流的。

奇异虫 PARADOXIDES

这种大型三叶虫有着宽阔的头甲，在中心有着圆润的头鞍。眼睛呈新月形，头甲两端延伸出细长的颊棘。胸节的特征是典型的三叶结构，分成中央和侧叶，且中轴到后端紧密相连。胸节的边缘有很多棘刺，延伸且弯曲向尾甲，尾甲又小又圆，大多被胸节的棘刺所包覆。

体型大小：这种三叶虫的某些类群全长能超过 50 厘米，但大多种类仅有 5 厘米长。

时空分布：奇异虫分布在北美洲、南美洲、北非以及欧洲的寒武纪时代岩石之中，而这个类群中的奇异奇异虫（*Paradoxides paradoxissimus*）以及弗氏奇异虫（*Paradoxides forchhammeri*）常被用来作为寒武纪时期的带化石。左图中的化石来自前捷克斯洛伐克。

化石故事：奇异虫是最早被描述和命名的三叶虫之一。1862年，约翰·威廉·萨尔特尔（J. W. Salter）为英国地质调查局（Geological Survey of Great Britain）工作，在英国威尔士地区的圣戴维兹（St David's）周边发现了一个非常大的三叶虫，根据记载其长度就有60厘米。他将这个三叶虫命名为戴氏奇异虫（*Paradoxides davidis*），以感谢一位名为戴维·霍恩福雷（David Hornfray）的化石收藏家为研究提供了大量化石标本。

小油栉虫 OLENELLUS

小油栉虫是一种全身带刺的三叶虫，头甲上有着很长的颊棘，胸节的分节大多也都由延伸出去的棘刺所构成。头甲上长着新月形的大眼睛，位于中央沟状头鞍的两侧。

胸节共14节，与尾甲紧密贴合，尾甲又小又尖，上面有尾刺。

体型大小：这种三叶虫能长到大约8厘米。

时空分布：来自北美洲、格陵兰和苏格兰北部的寒武纪时期的地层，上页图中的化石来自美国的宾夕法尼亚州（Pennsylvania）。

化石故事：小油栉虫的分布对古地理重建有着重要的意义。英国威尔士地区的寒武纪三叶虫化石非常有名，却找不到小油栉虫。在英国要想找到小油栉虫的话，只能在苏格兰北部尤其是西北部，那里经过侵蚀风化的寒武纪地层首次被发现于20世纪初期。其后更多证据显示小油栉虫无法迁徙至广袤的深海中，这也是在威尔士找不到该三叶虫，却能在北美洲及苏格兰找到的原因：寒武纪时期这些地区的环境存在差异。

筊石虫　OGYGOPSIS

筊石虫有着较小的头甲，其上有头鞍，边缘上还有眼睛。胸节有8个分节，侧叶有着短棘指向尾甲。尾甲比头甲还长，有着狭窄且突起的边缘。沿着胸节的中心有条中轴，这条中轴内部紧密相连直至尾甲部分。

体型大小：这种三叶虫能长到约10厘米。

时空分布：在北美洲的寒武纪地层中可以发现，右图中的化石来自加拿大不列颠哥伦比亚省（British Columbia）的布尔吉斯页岩（Burgess Shale）。

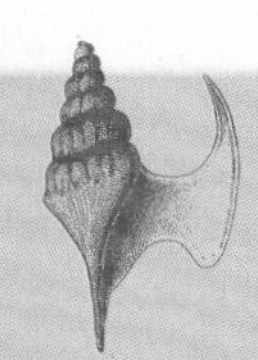

布尔吉斯页岩（THE BURGESS SHALE）

不列颠哥伦比亚省落基山脉（Rocky Mountains）的高处有个举世闻名的化石点。这个地点坐落于海拔几千米处，是一处寒武纪海床的坚硬泥岩层，此处保存了许多罕见的生物化石，包含许多身体柔软的生物如水母和蠕虫。该地层的发现缘起于查尔斯·沃考特（Charles Walcott）在1909年于此处发现了精美的三叶虫化石，之后他于1917年带领采集队在此处发现了4000多件化石。这些不带硬壳的生物可能在浅海礁的泥土崩落时被包覆，这些柔软的沉积物令这些生物脆弱的细微部分得以保存下来。这里的化石包含了千奇百怪的生物，也证明了该处可能经历了泥土崩落的理论，因为这些不同生物并非住在海床上的同一区域。这个稀有的化石宝库让我们有机会一瞥典型的寒武纪生物群可能的样貌。

栉虫 ASAPHUS

这个种类有着三叶虫典型的结构，身体分为三瓣纵长的叶，且可清楚区分头甲、胸节和尾甲。头甲呈三角形，而接触到胸节的颊侧角圆润且没有尖刺。中央的头鞍延伸到甲壳的边缘，上面长着硕大的眼睛。头甲上没有边缘。胸节由互相连接的宽分节所组成，侧叶有着尖尖的突起。尾甲上有个长轴和不明显的侧叶。

体型大小：能长到8厘米。

时空分布：来自欧洲西北部和俄罗斯的奥陶纪地层，右页上图化石就来自俄罗斯。

化石故事：栉虫可能住在海床上，用沉积物掩盖住自己一部分身体，只露出大大的眼睛。

欧几龙王虫 OGYGINUS

欧几龙王虫的胸节、头甲和尾甲大小差不多。头甲上有个突出的头鞍并在两侧有着大大的眼睛，沿着眼睛到胸节长着明显的面缝合线。颊刺从两侧延伸到胸节的中间部

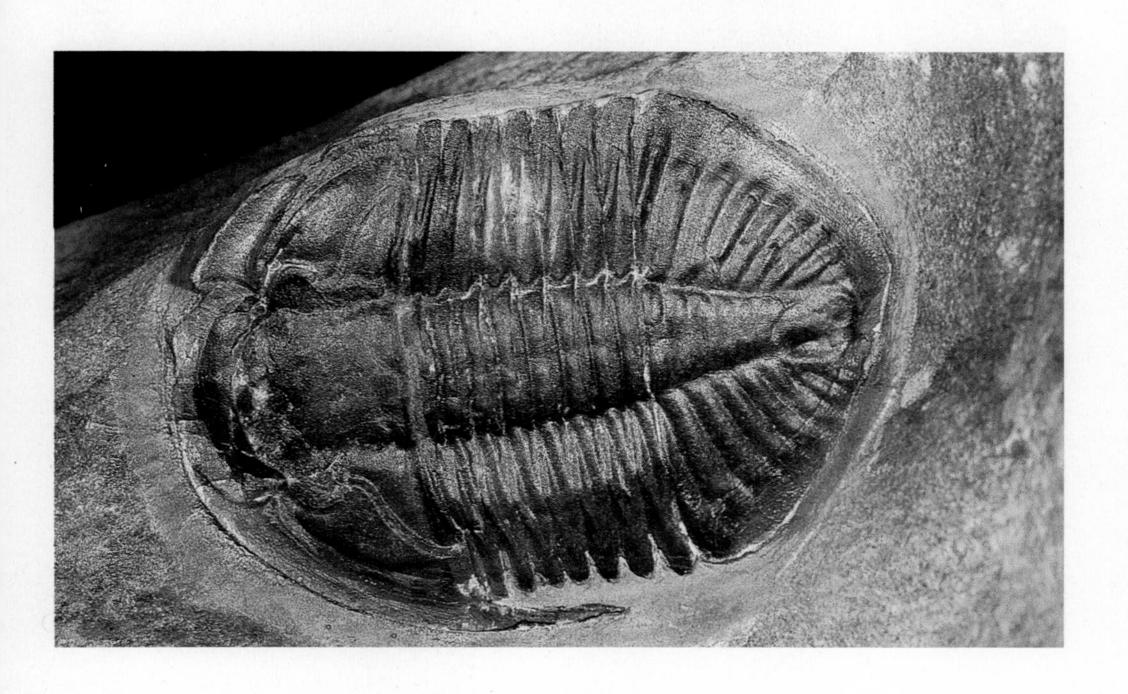

分，且头甲有着很宽的边缘。胸节一共有 8 节，尾甲的分节不如胸节明显。中轴有着圆润的末端，随着甲壳的边缘缩短。

体型大小：能长到 5 厘米。

时空分布：来自欧洲奥陶纪的地层，上页图中的化石则来自英国威尔士地区的比尔斯韦尔斯（Builth Wells）。

化石故事：这种三叶虫可能有着良好的视力。图中化石的面缝合线就是蜕皮时甲壳分裂的部分。

三分节虫 TRIARTHRUS

三分节虫有着圆润的半圆形头甲和凹沟状的头鞍，在前缘长有眼睛。胸节有 12—16 节，中轴延伸到末端形成三角形的小尾甲。

体型大小：能长到 3 厘米。

时空分布：广布于全球的奥陶纪地层中，左图中的化石来自美国纽约。

化石故事：这种三叶虫备受瞩目，因为来自纽约奥陶纪黑色页岩中的化石令人惊叹地保存了触角、足肢还有其他附肢。触角一共有两个，和现代大多数节肢动物相像，而部分足肢连接且分叉，甚至还长有流苏状的细毛，这些附肢的长度大多抵达甲壳的边缘。足肢可能是用来在海床上漫步或是在海床之上的海水中稍作悠游。

刺壳虫 ACIDASPIS

刺壳虫，顾名思义，就是长着带刺的甲壳。头甲沿着前缘长有棘刺，头鞍的两侧有眼睛，而颊刺长度能到第六节胸节。胸节在每个侧叶的边缘都长出了又长又弯曲的刺。不明显的中轴到尾甲的边缘紧密相连，形状有如梳子一般，有着四个短刺和两个在两边的长刺。

体型大小：这种小型三叶虫大约能长到 2.5 厘米。

时空分布：能在北美洲和欧洲的奥陶纪、志留纪和泥盆纪的岩石中发现。

化石故事：这些甲壳上的棘刺也许能用来支撑，使它们将身体悬于海床之上。

三瘤虫 TRINUCLEUS

三瘤虫的头甲很大，而且比其他外骨骼的部分都要宽。头甲上有个圆润的头鞍，其边缘有小压痕，没有眼睛。头甲的边缘非常特别，在宽阔且平坦的边缘上有着长形的凹坑，且在头甲周边呈放射状延伸。进一步研究显示，这些凹坑都由一个细小的通道所连接，具体功能还是个谜，有些观点认为这个结构也许能用来探测水压的变化。虽然在左图中的化石上已经丢失，但这种三叶虫长有细长的颊刺，延伸到胸节的边缘。胸节有个狭窄的中叶和较为宽广的侧叶，一共有 6 节。尾甲的结构则与胸节类似，有着三角形的轮廓。

体型大小：三瘤虫是种小型三叶虫，只能长到约 3 厘米。

时空分布：这种三叶虫发现于英国及俄罗斯的奥陶纪地层中，左图中的化石来自英国的威尔士地区。

化石故事：三叶虫大多发现于深海的沉积环境中，伴随着其他三叶虫和腕足动物的小舌形贝。三瘤虫被描述为一种掘穴的三叶虫，相关理论认为头甲上的装饰物其实可以用来铲东西，让它们能在海床沉积物中向前推进。

克罗姆虫 CROMUS

这种小型三叶虫的特色是头甲上有许多小突起，头鞍被四对侧沟切开，并在前端逐渐加宽，眼睛长在头鞍前端。胸节由 10 个分节构成，同样有着突起的表面。胸节到尾甲的中轴上有一条浅沟，在最末端突然变窄形成小的椭圆形结构。

体型大小：这种三叶虫能长到大约 2.5 厘米。

时空分布：来自欧洲、澳大利亚和非洲的志留纪地层。

化石故事：一般认为克罗姆虫生活在海床或其周边，以过滤未固结的沉积物取食为生。

大头虫 BUMASTUS

和许多其他三叶虫不同的是，大头虫有着平滑的头甲和尾甲。这两个部位的大小相当，且头甲上没有明显的头鞍，硕大的眼睛位于头甲的边缘，这一特征在许多化石保存中并不十分明显。胸节欠缺典型的三叶结构，只有许多狭窄的分节，大多是 10 节。

体型大小：这种三叶虫能长到 10 厘米。

时空分布：发现于北美洲和欧洲的志留纪时代的地层中。

化石故事：甲壳的形态揭示了这种三叶虫并不擅长游泳或爬行，大头虫可能底栖于海床之上或是在沉积物中掘穴而生。

达尔曼虫　DALMANITES

达尔曼虫是一种家喻户晓的典型三叶虫，头甲上有着圆润的边缘，在许多化石中可以看到边缘的中央有个短刺。头鞍在头甲的前端加宽，并长着硕大的新月形眼睛，可能

有着良好而开阔的视野。胸节有 11 个分节，侧叶向尾甲的方向弯曲。三角形的小尾甲上可能长着一根长长的棘刺。

体型大小：达尔曼虫能长到 10 厘米。

时空分布：分布在北美洲、欧洲、俄罗斯和澳大利亚的志留纪和泥盆纪地层之中。

化石故事：这种三叶虫的化石常在浅礁环境的石灰岩中和其他化石一起被发现，包含珊瑚、腕足动物和软体动物。由于这种三叶虫的大眼睛高于头甲，推测它可能会将部分身体埋在海床的沉积物中。

镜眼虫 PHACOPS

这种三叶虫有着较大的头甲，其上的头鞍上还长有许多突起，和现代节肢动物比较后，认为这些突起可能有感

觉功能。这些突起下有小而圆的空腔，并有细长的孔道在里面呈放射状分布。头甲两侧长有硕大的眼睛，颊角（genal angle）[1] 圆润不带棘刺。胸节共有 11 节，中轴到尾甲的后端部分缩小且彼此紧密贴附。

体型大小：能长到 15 厘米。

时空分布：镜眼虫发现于北美洲、北非和欧洲的志留纪和泥盆纪时代的地层之中。

化石故事：这种三叶虫的化石时常是蜷曲成球状的，在德国北部发现的化石还保存了足肢和其他附肢。

盾形虫 SCUTELLUM

这种三叶虫的很多特征都十分不寻常，尤其是尾甲的部分，从与胸节连接的地方延伸出了许多向四周放射状生长的肋刺。胸节有 10 节，中叶比侧叶宽，而侧叶有许多尖细的棘刺延伸而出。头甲比尾甲小，有个小而隆起的头鞍。

体型大小：这种三叶虫能长到大约 9 厘米。

[1] 三叶虫头甲外侧和后边的夹角部分。——译者注

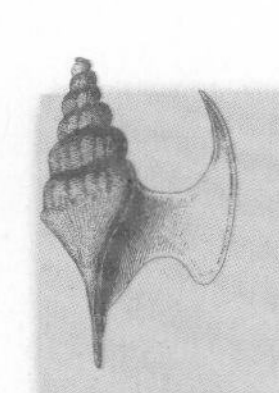

三叶虫之眼

三叶虫的眼睛由方解石组成，因此能在化石中精美地保留下来。它们有着复合的眼睛，每个眼睛由许多又小又圆的多边形小眼睛所构成。方解石有着极佳的光学特性，光线在特定角度可以完全穿透，就跟玻璃一样。许多三叶虫有着所谓的“复眼”（holochral eyes），这种眼睛一个角膜之下可能包含上千个独立的眼睛。在镜眼三叶虫中还能找到更进步的视觉系统，这也是目前唯一已知含有“分裂眼”（schizochral eyes）的类群，至今已全部消失了。“分裂眼”中的小眼睛彼此之间都长有表皮，且每个小眼睛之间的角膜还彼此分裂开来，研究显示这种眼睛能形成锐利的聚焦成像。虽然三叶虫详细的视力信息还未知，但参考现今节肢动物的复眼可知，它们观察动态事物的能力应当非常强，在捕捉食物或察觉危险时非常有用。

时空分布：盾形虫广布于全球的志留纪和泥盆纪时期地层中，上图中的化石来自摩洛哥的泥盆纪岩石之中。

化石故事：这种三叶虫的眼睛非常复杂，由超过4000个独立的眼睛组成复眼。这些眼睛可能用来探寻移动的小生物，并在幽暗的环境中保持良好的视力。

三裂虫　TRIMERUS

大部分三叶虫在胸节都纵向分成三叶，包括狭窄的中叶和两瓣较为宽阔的侧叶，但三裂虫虽然胸节也是分节的，却没有分成三叶的结构。图中的化石头甲已经缺失，是三

角形的构造且没有眼睛，头鞍并不发达，仅在头甲上微微隆起。尾甲的构造比较典型，有着三角形的外观，且能看出中叶和侧叶的分节。

体型大小：能长到 20 厘米。

时空分布：广布于全球的志留纪和泥盆纪地层之中，图中的化石来自英国的什罗普郡。

化石故事：三裂虫全身外骨骼光滑又没有眼睛，推测它可能会钻到海床沉积物中生活。

德钦虫 DECHENELLA

德钦虫的头甲很宽，还有个又长又宽、几乎跟整个胸节长度相当的颊刺。在头鞍的凹沟两侧有着硕大的眼睛，这些构造在前端连在一起。胸节的中轴以及侧叶和中轴的分节都很明显，长长的尾甲有着清晰的轮廓。

体型大小：能长到 5 厘米。

时空分布：来自北半球的泥盆纪地层，图中的化石来自摩洛哥。

化石故事：德钦虫可能生活在海床上，以过滤沉积物取食为生。

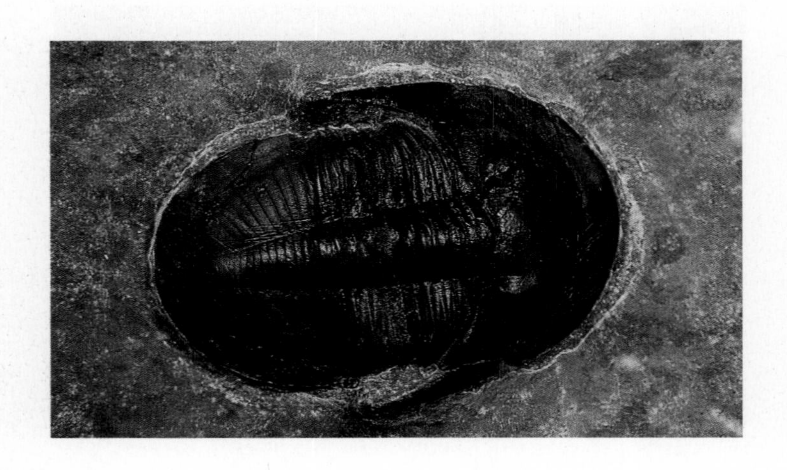

雷德虫　REEDOPS

这种三叶虫和镜眼虫（*Phacops*）是近亲，二者有着很多相似的特征。从整体来说，雷德虫的甲壳更细一些，头甲有着平滑的头鞍，这与镜眼虫满布小突起的头鞍不同。头鞍的前叶延伸到头甲的边缘，其上还有硕大的眼睛。胸节有明显的凹沟和分节，但这些构造在平滑圆润的尾甲上却比较模糊。

体型大小：能长到 2.5 厘米。

时空分布：发现于北美洲、北非、亚洲和欧洲的泥盆纪地层中，图中的化石来自摩洛哥。

化石故事：雷德虫可能栖息在极深的海洋环境中，以在海床上食腐为生。

隐头虫 CALYMENE

头甲接近三角形，在中间有个大的头鞍，两侧各有两个圆形的门把状突起。头鞍的周边被深陷的凹沟所环绕，而头甲后方尖锐的末端是整体外骨骼最宽的地方。胸节可以清楚看到中叶和侧叶，有 12 或 13 个分节，在接近尾甲的地方稍微变窄。尾甲构造和胸节很像，共有 6 节。

体型大小：最大可长到 10 厘米。

时空分布：发现于欧洲、澳大利亚、北美洲和南美洲的志留纪和泥盆纪地层，图中的化石来自英国的什罗普郡。

化石故事：在美国辛辛那提（Cincinnati）地层中找到的隐头虫化石除了甲壳外还有小的挖掘坑，可能是移动的三叶虫在海床沉积上留下的痕迹所形成的化石。

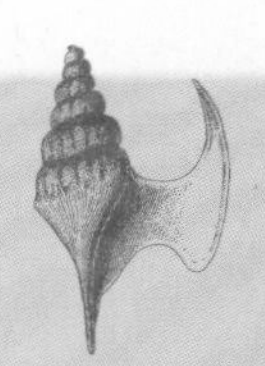

蜷曲的三叶虫

隐头虫和曲隐头虫（*Flexicalymene*）的化石常常呈现蜷曲的状态，其他三叶虫有时也会呈现这种状态。有些种类的三叶虫甚至能延伸自己的外骨骼将头甲和尾甲连在一起，而现生节肢动物的鼠妇[1]也能蜷曲自身将坚硬的外骨骼包覆在外。三叶虫将自己蜷起来的确切原因仍然未知，但有着许多的推测，有些人认为这是一种防御姿态，蜷起来的身体能保护身体腹侧的软组织；还有人认为这样能在食物缺乏时保留能量、养精蓄锐，而其中一些可能就会维持这个姿势长眠至今。

[1] Pillbugs，又称“潮虫”，生活于潮湿、腐殖质丰富的地方，受惊后身体缩成一个球形，也被称为“团子虫”“西瓜虫”。——译者注

其他节肢动物

真叶肢介 EUESTHERIA

这种小型的带壳动物是鳃足纲（Branchiopoda）的一员，该类群还包括水蚤和一些近亲动物。这种具有两瓣壳体的生命体和小型的双壳动物很像，但它们的贝壳是由几丁质所构成，而内部结构也和软体动物非常不同，如真叶肢介在壳的内部就没有肌肉附着的痕迹。此外，鳃足动物跟其他节肢动物一样还有足肢以及其他附肢。真叶肢介的外壳上有着同心圆状的生长纹，这是在蜕皮的过程中形成的。

体型大小：只能长到 2 厘米。

时空分布：广布于全球从泥盆纪至今的地层之中，左图中的标本保存了许多真叶肢介化石，来自英国苏格兰思凯岛（Isle of Skye）的侏罗纪岩石。

化石故事：真叶肢介的近亲生物现今存活在南非等地的淡水湖中，这些化石可能指示着其发现地在过去也有着相近的环境。

雕虾 GLYPHEA

这种节肢动物被归类在十足目（Decapoda），这个类群还包含龙虾和其他很多虾类。十足动物，顾名思义，有五对足肢，可能是用来游泳或走路的，但雕虾的足肢很少能保留成化石。这种虾有着坚硬质地的外骨骼，表面还有许多圆形的小凹陷。图中标本的头部还保留了突起，可能是生前触角所在的位置，此外也能看到其富有良好视力的眼睛。

体型大小：这种虾能长到约 5 厘米。

时空分布：发现于北美洲、欧洲、东非、澳大利亚和格陵兰岛的三叠纪、侏罗纪和白垩纪时代的地层之中。

化石故事：有些雕虾的化石还能在它在海床里挖的坑中找到。

埃及尔虾 AEGER

埃及尔虾属于十足目，这个类群虽然灭绝了，但它和现在许多虾类非常相似。这种虾的甲壳非常脆弱，就像图中化石展示的一样，身体可以弯曲，且在最后端有个羽毛状的小尾巴。头上有个大的喙状突起，位于头顶上方并延伸到触角的位置。下图中的化石保留了足肢和其他附肢，可看到典型节肢动物的分节构造，这些附肢有些是用来游泳的，有些是用来捕食的。

体型大小：能长到约 10 厘米。

时空分布：发现于全球范围的三叠纪和侏罗纪地层之中。

化石故事：虽然这种节肢动物的甲壳主要由几丁质和碳酸钙所构成，整体看上去又薄又脆弱，在某些特定区域的化石记录中却很常见。左图中的化石来自德国南部著名的索伦霍芬石灰岩中。这里石灰岩的颗粒特别细小，保存了许多脆弱的生物体，如水母、蠕虫和昆虫。这里的岩石称作“板状灰岩”（Plattenkalk），形成于潟湖之中，而这种湖体由海洋被珊瑚礁或沙洲隔开所形成。潟湖并不是一个很好的栖息地，因为水体盐度和温度都很高，所以在这里的灰岩中找到的大部分化石都是被风暴或河水冲刷裹挟而来的。

中鲎 MESOLIMULUS

中鲎的甲壳有个大的半圆形头甲，边缘很宽但是颊刺很短，肾形的复眼分布在头甲侧缘。胸节短但有明显的中轴，其侧缘上有六对棘刺和五对足肢，而在胸节前端还有一对螯肢。尾甲很小，并在后端延伸出一个细长的尾棘。

体型大小：这种节肢动物能长到 25 厘米。

时空分布：来自欧洲的三叠纪、侏罗纪和白垩纪地层，下页图中的化石来自著名的索伦霍芬石灰岩中。

化石故事：这种化石鲎和现存的鲎非常接近，现生鲎类大多栖息在东南亚的印度洋沿海地区，也有些分布在北美洲的大西洋海岸之上。

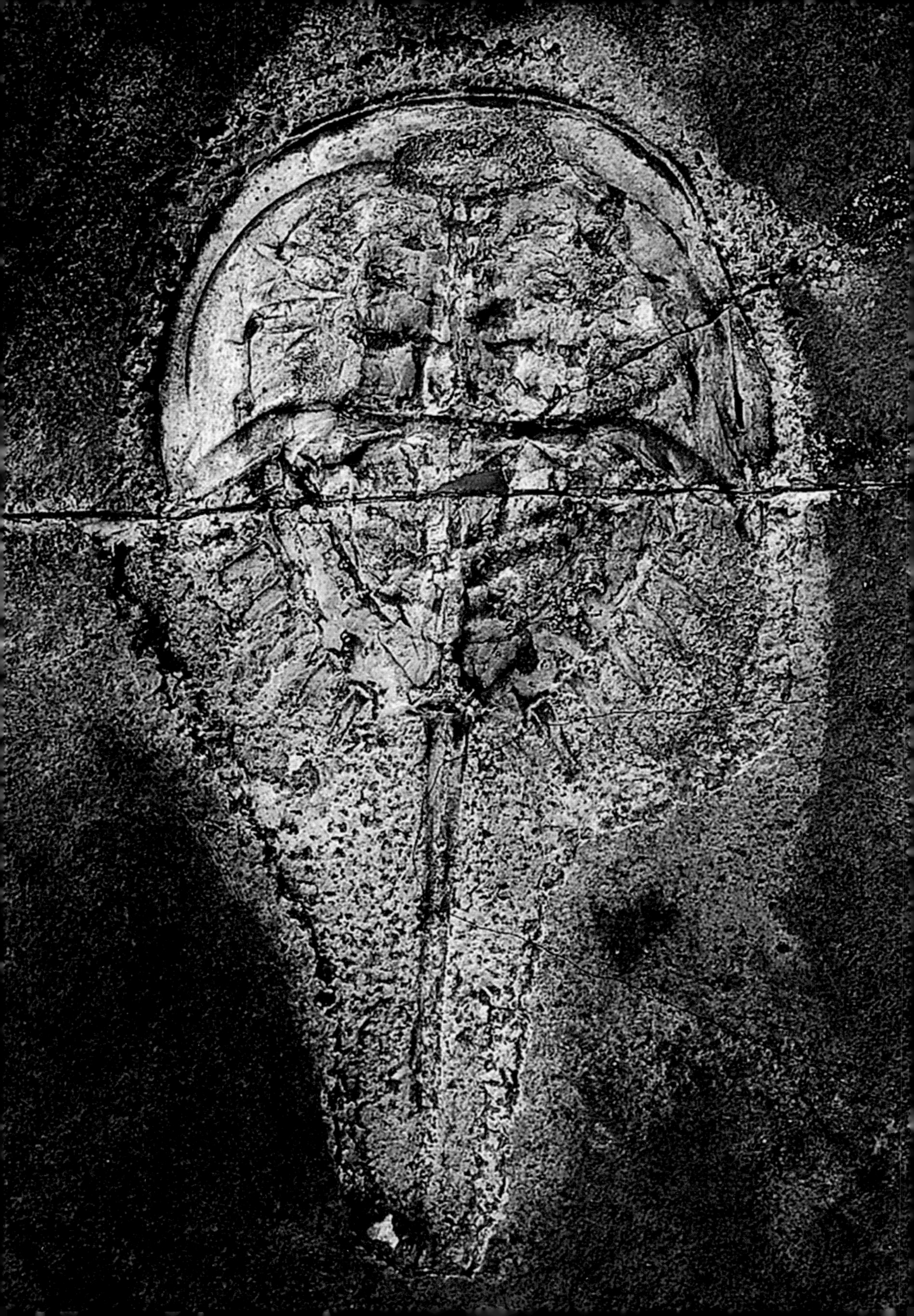

翼鲎　PTERYGOTUS

翼鲎是广翅鲎（Eurypterida）的一种，这种节肢动物有着较小的头部，从头部伸出用来攫取猎物的长爪。身上共有六对腿状的附肢，最后一对大附肢为桨状，可能用来在海床上或海水中移动身体。头部前端有一对触角，其他的四对附肢可能都是用来取食的。复眼长在头甲的上方接近前端的位置。长而紧密相连的胸节共有12节，并在最尾端有一个尖刺状的尾巴。

体型大小：鲎类大都很小，但翼鲎的长度能到2米，是目前已知最大的节肢动物。

时空分布：发现于北美洲、南美洲、澳大利亚、亚洲和欧洲的奥陶纪、志留纪以及泥盆纪的地层中。

化石故事：翼鲎等广翅鲎类被认为是古生代海床上活

跃的掠食者，它们捕食在泥盆纪快速发展的鱼类，此外也以软体动物或其他无脊椎动物为食。

真蛼虫 EUPHORBERIA

这种节肢动物长而分节的身体和现今的马陆、蜈蚣非常相像，它们都被分类在多足类（Myriapoda）动物中。在图中的化石上可以看到其纤细的附肢，它的头比身体宽，长有棘刺和足肢。

体型大小：能长到约 8 厘米。

时空分布：分布于北美洲和欧洲石炭纪时代的非海相地层中。

化石故事：多足类动物的化石最早能追溯到志留纪，图中的标本发现于英国斯塔福德郡（Staffordshire）石炭纪

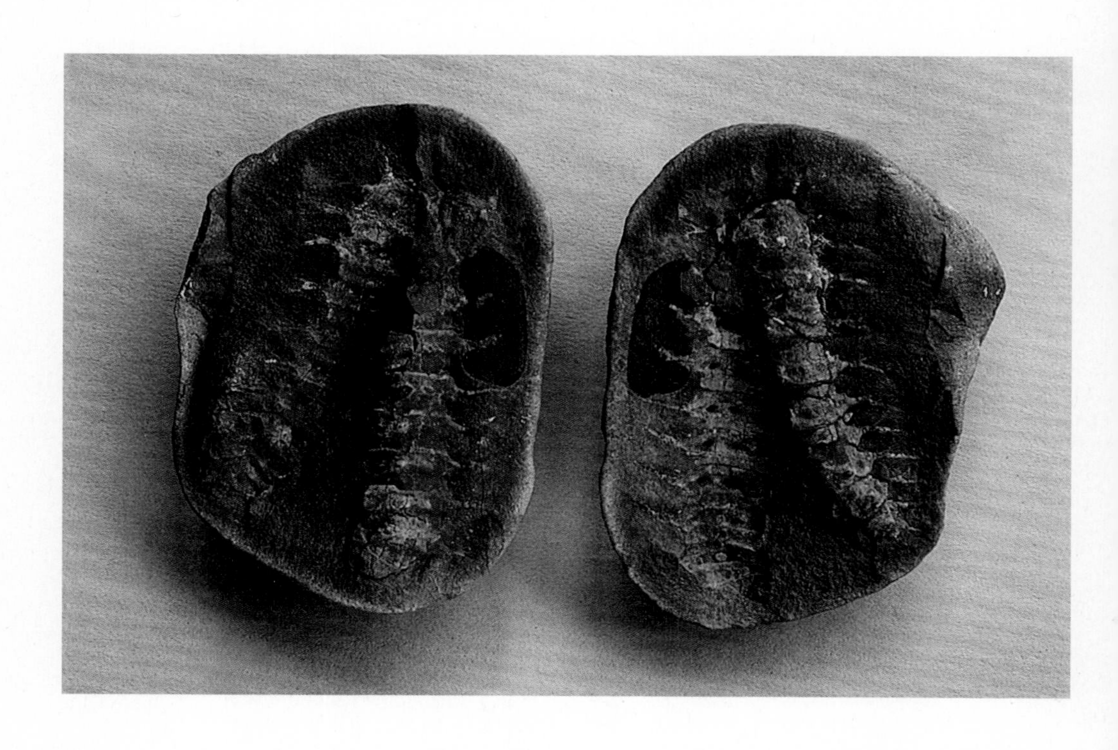

的坚硬结核之中。这种生物可能在当时的沼泽森林中很常见，这些沼泽森林受到广袤的石炭纪三角洲所滋养，孕育出了许多昆虫和其他无脊椎动物。这种脆弱的陆生动物在化石记录中非常罕见，因为比起生活在海洋里的生物，它们似乎被困在沉积物中的概率更小一些。

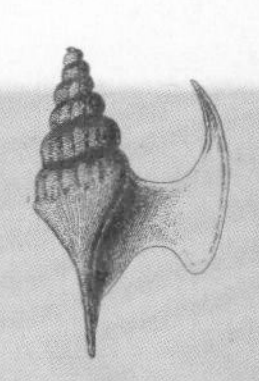

昆虫的化石记录

昆虫的化石记录非常有限，造成这种现象的原因有很多，例如它们本身就非常脆弱，有着易碎的外骨骼、翅膀和附肢。此外它们多生活在陆地或空中，因此被沉积物掩埋形成化石的概率也相对较低。不过有的昆虫的外骨骼是非常坚韧的材料，甚至一些透明部分如蜻蜓的翅膀，有时都能在颗粒细致的沉积物中保存下来，上面的纹理脉络还清晰可见。琥珀也是完美保存各种昆虫的绝佳材料，不过想从这些物质中恢复昆虫的DNA却是不太可能的，因为DNA降解的速度非常快，在化石中往往已经无法完整提取出来。最早的昆虫出现于泥盆纪，发现于苏格兰著名的莱尼燧石层（Rhynie chert），这可能是一层被硅化物所取代的泥炭沉积。到了石炭纪，有翅膀的昆虫开始繁盛，巨型蜻蜓翱翔在富含煤炭的森林中。在古生代的末期，昆虫发展出著名的生命模式，从卵、幼虫、蛹到成虫。中生代开始，许多现代昆虫开始出现，包括胡蜂、蠼螋、跳蚤、蚂蚁，还有白蚁。进入新生代后，开花植物点缀了地表的色彩并生产了花蜜和花粉，它们借助昆虫授粉，与蝴蝶、蜜蜂和许多以花蜜或花粉为食的昆虫共同演化。许多新的昆虫化石在新的发掘区域逐渐被发现，如巴西、俄罗斯、中国和蒙古。

蜉蝣（化石来自巴西的白垩纪地层中）

蜜蜂（化石来自法国的新生代地层中）

龙虱（化石来自美国加州的更新世地层中）

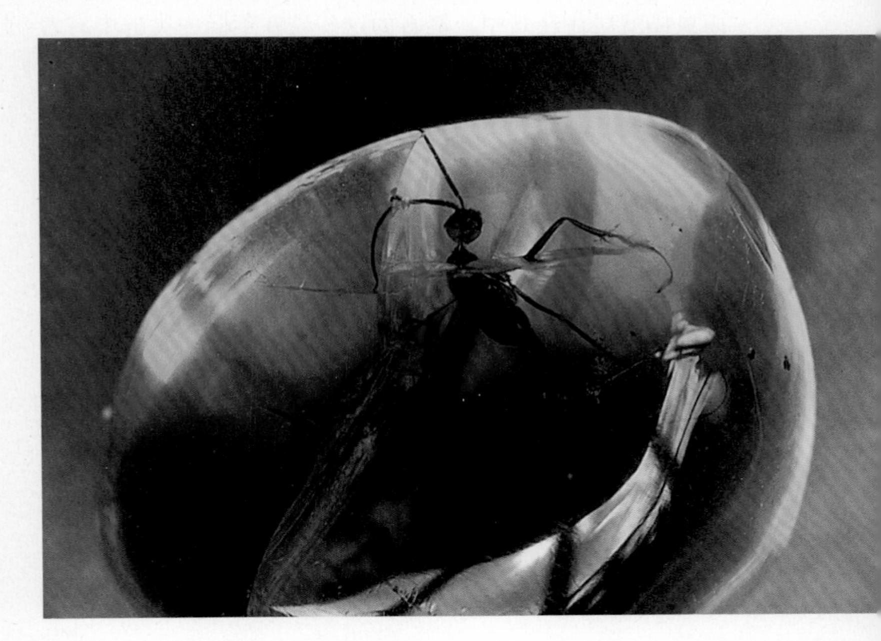

琥珀中的蚊蚋（化石来自波罗的海地区）

笔石

谜样的笔石一般自成一类，被称为“半索动物门”（Hemichordata），它们无疑是一种海生生物，目前发现的化石都来自从寒武纪到泥盆纪的深海沉积物之中。笔石有个棒状结构称为“枝”，其上还有些小杯结构称为“胞管”，而虫体就居住在其中。笔石的这些枝在不同的类群中有着极大的差异。大多数笔石都很小且很脆弱，因此在保存过程经常会变成细粒沉积物表面上的碳质或是黄铁矿质的薄膜。不过在一些地区如德国北部的冰川飘砾[1]（glacial erratics）中可以找到立体保存的笔石，用酸液将岩石溶解后就能将其取出。

透过电子显微镜可以清楚观察笔石的枝和胞管的细微结构，从而发现这些器官的主要成分似乎是胶原蛋白，它们会组成绷带状的层，增加枝的强度。不同种类的笔石能在各种地质环境中找到，因此常被拿来作为带化石。笔石主要可以分成两类：树形笔石类（dendroid graptolites）有着错综复杂的枝，其外貌形似树木；而正笔石类（graptoloid graptolites）的枝较少，有时甚至只有一个。

---

[1] 冰川移动带来的岩石，其质地或形状与周边岩石往往有着较大的差异。——译者注

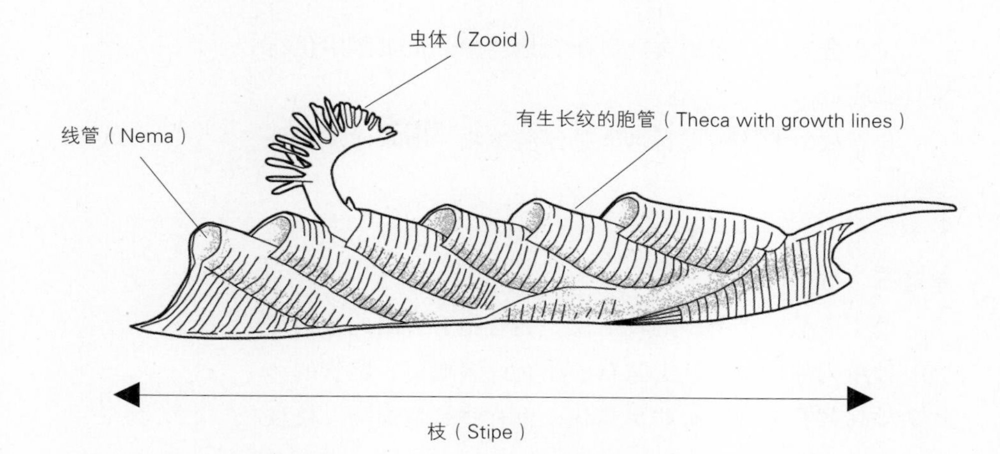

笔石的身体结构示意图

叶笔石　PHYLLOGRAPTUS

这种笔石的枝长得很像树叶，整体构造为四个枝呈背对背式连接，形成十字形的横截面。在石化过程中，这个构造常会直接被压碎，因此像图中的化石一样就只能看到两个枝。这种笔石的胞管结构呈简单的管状，在不同种中会有些变化，有些是弯曲的，也有些是齿状的。

体型大小：这是一种小型笔石，通常长度在 2.5 厘米左右。

时空分布：广布于全球奥陶纪地层中，上页图中化石来自挪威。

化石故事：这种笔石可能是浮游生物，随着洋流四处漂泊。

单笔石 MONOGRAPTUS

由于单笔石在单一的枝上仅一侧有胞管，因此被描述为一种单列的笔石。这类笔石中还有许多成员，胞管的形状和排列各有不同，有些呈钩状，也有些是弯曲的。枝虽然通常是直的，但有时会缠绕在一起。

体型大小：这种笔石的枝普遍长度是2.5厘米，但有些也能超过50厘米。

时空分布：来自北美洲、欧洲的志留纪和泥盆纪岩石中。

化石故事：有些单笔石可以作为志留纪地层的带化石。

对笔石 DIDYMOGRAPTUS

这种笔石很好辨认，由两个枝组成 V 字形，形似音叉。有些种的两枝之间夹角很窄，有些却能达到 180° 。胞管仅在枝的一侧，因此也是单列构造。胞管形状在不同种类中各有不同，从简单的管状到钩状、弯曲的都有。

体型大小：通常这种笔石长度在 2.5 厘米左右，有些种类却能长到 50 厘米。

时空分布：在全球的奥陶纪地层中都很常见。

化石故事：对笔石在埋藏层位常被大量发现，因此可能是一种浮游生物，受到洋流影响而四处漂流。奥陶纪的岩石就是通过这种笔石被细分成了许多不同的区段。

网格笔石　DICTYONEMA

与树形笔石和正笔石有着非常不同的结构，它们有许多细小的枝聚集在横杆上。胞管小而多，一般三个一组聚集在枝的一侧。网格笔石的典型标本有着扁平的网格袋状外观，其中一端缩小。关于这种生物的生活模式尚有许多争议，有些观点认为它们可能会附着在藻类或海床上，也有观点认为它们可能像浮游生物一般载浮载沉。

体型大小：长 2.5—25 厘米。

时空分布：广布于全球从寒武纪到石炭纪的地层之中。

化石故事：支持网格笔石是浮游生物的证据有：它们分布的范围很广，且是少数在西欧和北美洲都能找到的奥陶纪化石，而这两个区域在当时被辽阔的海洋所分开。

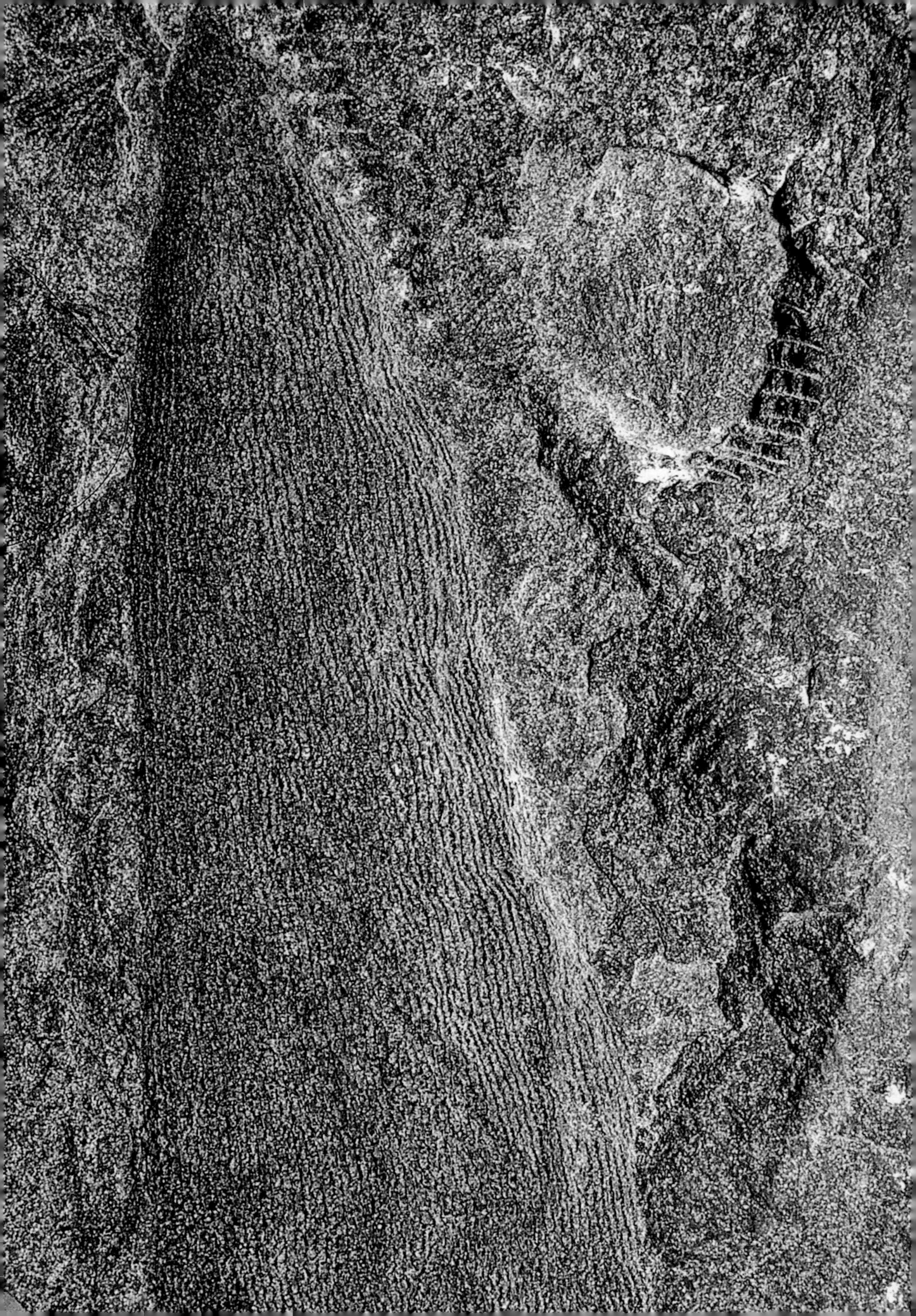

六　软体动物

软体动物自寒武纪出现至今，已成功演化出巨大的物种多样性。人们尚未在前寒武纪发现它们的祖先，但推测其可能为形似现生新蝶贝（*Neopilina*）的分节软体动物。新蝶贝属于单板纲生物（Monoplacophoran），一直被认为早已灭绝，直至50年前人们在墨西哥和秘鲁附近的海域里发现了它们的活体。单板纲动物的外壳有些像帽贝，壳下则是长有足和鳃的柔软身体。软体动物的身体通常被柔软的外套膜所包裹，有些外套膜能够分泌出钙质的硬壳来保护身体。经过漫长的演化，软体动物适应了各种各样的生活环境。它们大部分为海洋生物，有些也生活在淡水中，有些甚至将领域扩展到干燥的陆地，可以爬上石头和大树。

软体动物门包括一系列的纲，其中有三个纲是非常重要的化石类群。腹足纲中包括蜗牛和蛞蝓，化石十分常见，大部分产出于海相地层，也有部分为淡水动物。腹足动物的壳呈螺旋锥状，通常由碳酸钙组成。壳形有时非常复杂，内部有一根中心壳轴支撑中空的壳体。螺旋形的结构称为螺层，螺层的数目和大小在不同属中各有不同。腹足动物的身体住在最大的外圈螺层中，可以通过壳口缩入壳中。它们往往长着肉足，具有明显的头部，头上长着眼睛和触角，有些属种还长有特殊的厣板（operculum），在身体缩回壳里后可以用来封闭壳口。

剑菊石（*Xipheroceras*）和其他菊石。侏罗纪时代的菊石常常在海床上大量聚居，这块来自英国多塞特郡的标本就同时有多块菊石，在被泥沙掩埋后保存得相当完整

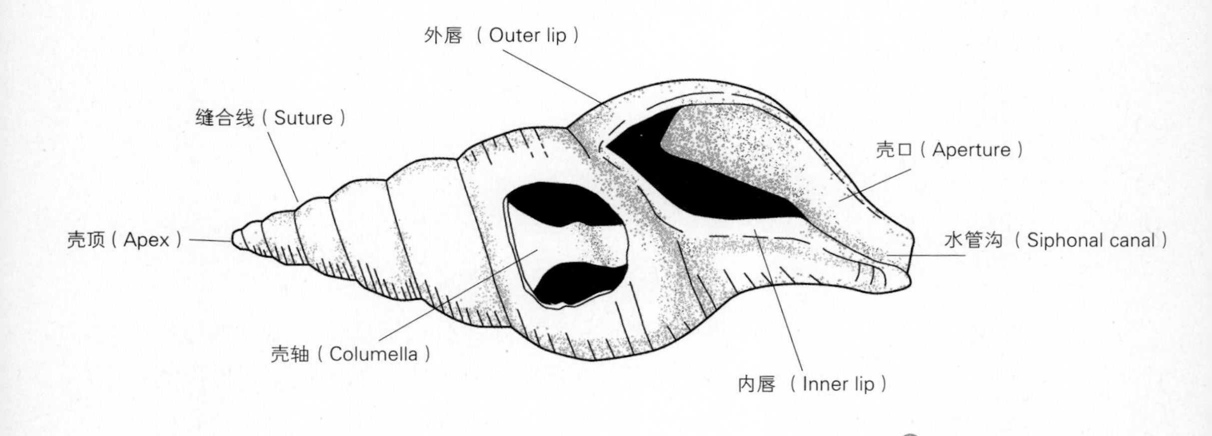

腹足类身体结构示意图

双壳纲是软体动物门中的另一个纲，因大部分长有两片对称的壳体而得名，蛤蜊、扇贝和樱蛤等都是在海边十分常见的双壳动物。典型的双壳类两侧壳体互为镜像，壳面上有各种生长纹、放射肋、瘤和嵴等纹饰，少数种类如牡蛎则具有不同的对称性。壳体最顶部有一个喙状突起称为“壳顶”，在壳顶下方两侧壳体上的铰合齿和齿槽互相咬合，与强壮的韧带一同形成了铰合部。壳体内部的肌肉收缩能够闭合壳体，当肌肉放松时壳体会在韧带作用下微微张开。一只双壳动物死亡以后，它的肌肉将不再收缩，使得两侧壳体完全张开易于分离，也正因如此，双壳类的化石往往仅保存了单侧壳体。

头足纲中有着著名的化石类群——菊石亚纲（包括棱菊石和菊石目等）、鹦鹉螺和箭石等。头足纲曾经颇为繁盛，而今依然存活于世的仅有鹦鹉螺、章鱼和乌贼等。头足类生活在海水中，通常壳体内具有气室令其可以在海中沉浮。各个气室之间由一条狭长的体管连接，使它可以自由控制浮力四处活动。

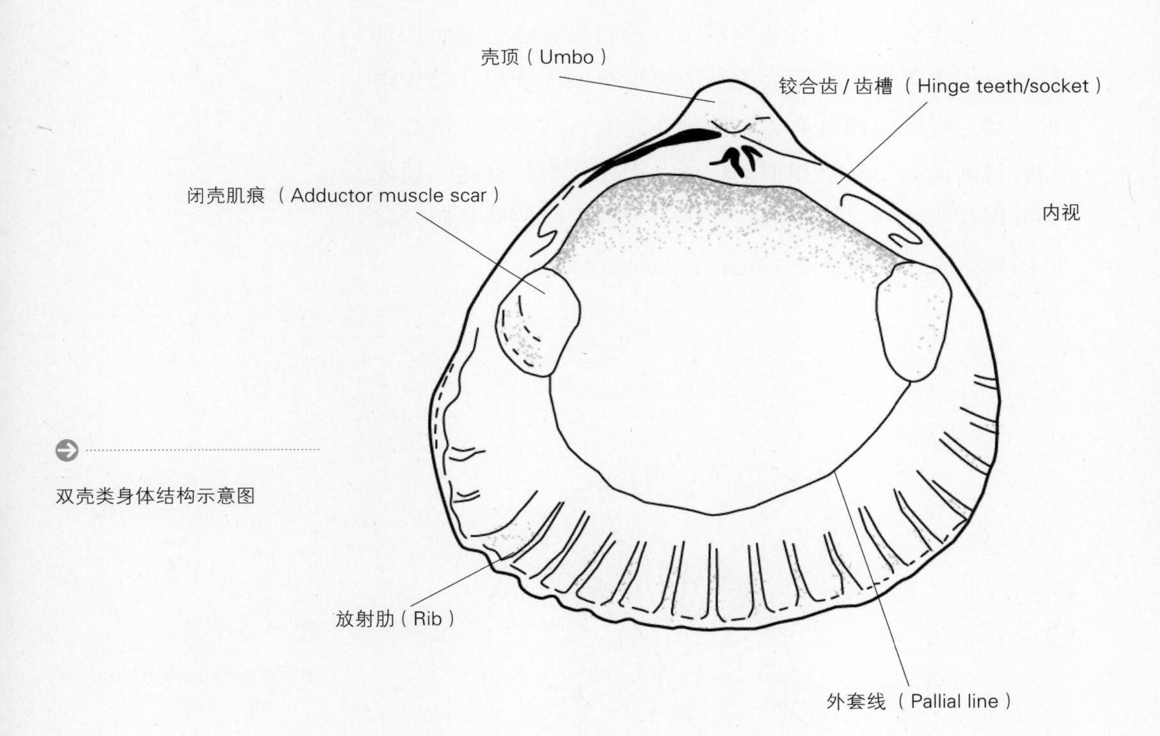
壳顶（Umbo）
铰合齿 / 齿槽（Hinge teeth/socket）
闭壳肌痕（Adductor muscle scar）
内视
放射肋（Rib）
外套线（Pallial line）

双壳类身体结构示意图

菊石的体管位于腹侧，鹦鹉螺的体管则位于中央位置。大部分头足类的壳体都呈扁平的螺旋形，中心位置有一个低凹的脐孔。壳体内各个气室间由隔板隔开，形成复杂的壳体构造。隔板与外层壳体相交处形成缝合线结构，菊石的缝合线异常繁复。菊石的身体和乌贼有些相似，由位于气室前壳体最前端的住室所容纳。菊石可能通过喷水四处游动，但大部分体型较大的种类可能更倾向于仅在海床附近活动。乌贼体内具有钙质的硬体内壳，与菊石生活在同一时代的箭石也具有相似的内壳，因此常常只有这一硬体部分保存为化石。箭石的壳体由一个箭头状的鞘和腔室状的闭锥组成，两部分往往在保存时彼此分离。

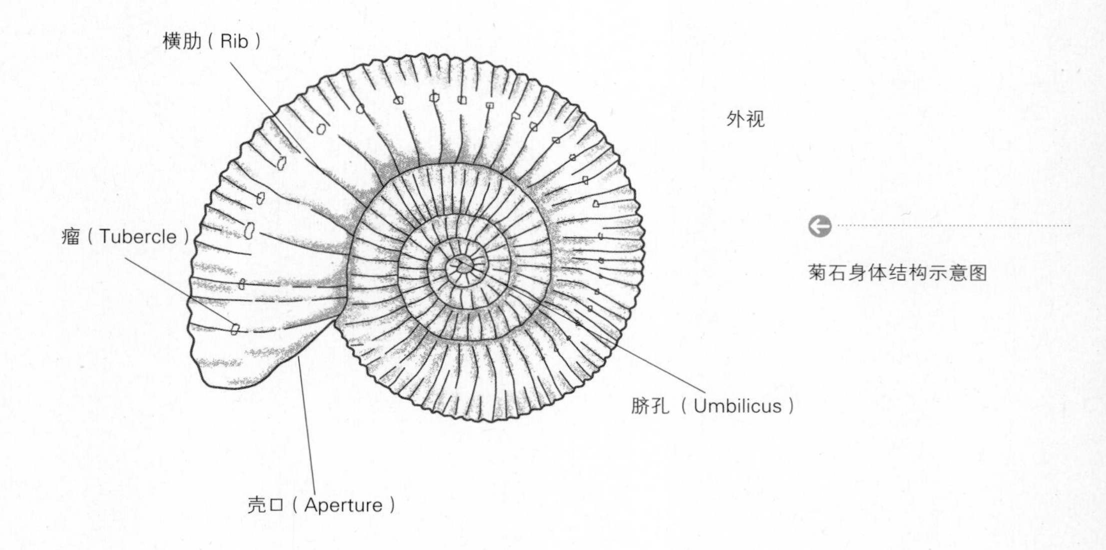

菊石身体结构示意图

腹足动物

神螺 BELLEROPHON

这只海里的“蜗牛”长得十分有特点：背嵴贯穿了整个壳体，与无数横肋相交；壳口宽，侧缘扩大，前端具有明显的出水口。壳体呈左右对称，与其他大部分腹足动物相异。和头足动物类似，神螺的最外圈壳层几乎完全包裹住了内部的壳层。虽然外形有些许相似，但神螺作为腹足动物，和菊石等头足动物依然有着本质的区别：头足类壳体内部具有隔板和缝合线，而腹足类则没有。

体型大小：直径可达 10 厘米。

时空分布：广布于世界范围内志留纪至三叠纪的地层中，石炭纪的属种多发现于浅海珊瑚礁沉积的石灰岩中，和腕足类、其他软体动物以及藻类和珊瑚伴生。

化石故事：神螺是古生代首件获得科学描述的软体动物化石（1808 年），在古生物研究史上具有独特的意义。它和其他近 70 个属一起组成了神螺类(Bellerophontaceans)。

圆脐螺 STRAPAROLLUS

和神螺不同，圆脐螺有着腹足动物典型的螺旋形外壳，且最外圈壳层未包裹住内部壳层，壳体的螺旋清晰可见。有些种的圆脐螺壳体比图中的要高出很多，壳体表面较为光滑，横肋十分纤细，中间位置的背嵴则显得宽而浅。

体型大小：直径可达 5 厘米。

时空分布：广布于世界范围内志留纪至二叠纪的地层中，图中化石产自英国德比郡(Derbyshire)石炭纪的地层中。

化石故事：圆脐螺常常与其他浅水生物如珊瑚、腕足类和藻类一同被发现，推测它可能以藻类及海底碎屑物质为食。

竹节石　TENTACULITES

这种神秘的小动物总是集群出现，碳酸钙质的壳体呈纤细的管状或圆锥状。竹节石的壳体内部由隔板分开，外部遍布着粗粗的嵴状纹饰，可能具有将其固着在软底的海床上的功能。

体型大小：体长仅 1.2 厘米左右。

时空分布：广布于世界范围内的志留纪至泥盆纪的地层中，通常发现于浅水沉积物中，如美国纽约拉韦纳地区（Ravena）的志留纪石灰岩，以及英国威尔士地区奥陶纪的大陆架沉积物。

化石故事：竹节石一般被认为属于软体动物无疑。它很可能与现生远洋浮游的腹足动物关系较近，但在对某些保存有软体的标本进行研究后，也有人认为它可能具有体管结构，因而也许与头足类关系更近。

墨尔螺 MOURLONIA

从顶部看，墨尔螺的壳体按顺时针旋转，各壳层间很少叠覆，缝合线比较模糊，壳口偏大。壳体的纹饰有无数细带，横贯在各壳层之上。

体型大小：直径可达 4 厘米。

时空分布：广布于世界范围内奥陶纪至二叠纪的地层中。

化石故事：墨尔螺通常发现于浅水珊瑚礁的沉积物中，常与腕足类和其他软体动物及苔藓虫等伴生，后者的网状结构有利于珊瑚礁的固结沉淀。

长鼻螺 HIPPOCHRENES

长鼻螺长相奇特，壳口上方侧向强烈膨大形成一片平坦的区域，其上装饰着嵴状的同心生长纹，壳体两端收缩变尖。这一无法忽视的膨大区域通常会攀升至接近壳顶，在某些种中甚至会遮蔽住壳顶。巨大的壳体下方则发育有一条长长的水管沟。

体型大小：体长可达 15 厘米。

时空分布：仅发现于欧洲始新世的地层中。

化石故事：与长鼻螺同时发现的各种软体动物均是典型的浅海生物。

翁戎螺 PLEUROTOMARIA

翁戎螺的壳体呈顺时针螺旋低塔形，左右稍不对称。壳层自硕大的壳口至壳顶逐渐变窄。壳口的外唇处有一独特的裂缝，随着翁戎螺不断长大，这条裂缝最终会闭合成一条螺旋状的斑带。壳体上的纹饰有生长纹、螺瘤和低嵴。

体型大小：直径可达 12 厘米。

时空分布：广布于世界范围内侏罗纪和白垩纪地层中。翁戎螺所属类群曾经十分繁盛，在白垩纪末大灭绝之后逐渐衰落，如今仅在日本及东、西印度群岛沿海得觅其踪。

化石故事：翁戎螺名气相当大，常与菊石、腕足类和双壳类一同发现于浅海沉积物中，可能在海底以藻类为生。

锥螺 TURRITELLA

锥螺螺丝钉状的壳体极具特色，一些现生属种有时直接被称为“塔形螺丝螺”或“欧洲螺丝螺”。一圈一圈的小壳层组成了锥螺细长的壳体，壳层之间的叠覆十分轻微，缝合线发育明显。壳顶很尖，容易折损，而壳口则近似宽大的方形。壳体外侧具有生长纹和螺旋纹等美丽的纹饰。

体型大小：壳体可长达 10 厘米。

时空分布：广泛分布于白垩纪至今的地层中。

化石故事：锥螺往往大量集群产出于浅水沉积物中，与其伴生的有其他软体动物、珊瑚、鱼类和甲壳类动物。现生的锥螺常在软底的海床上掘穴，尖尖的壳顶朝下将整个身体藏在洞穴中，只露出壳口。

香螺 CORNULINA

香螺的壳体看上去十分华丽，壳顶尖细，向下很快扩展为宽大的壳层，相邻壳层由壳肩相连。香螺矮宽的壳体上遍布着纤细的条纹和巨大的棘刺，后者在化石标本中往往不幸折断丢失。壳口的边缘宽而外展。

体型大小：直径可达 10 厘米。

时空分布：广布于世界范围内始新世至今的地层中。

化石故事：香螺是始新世的巴顿化石层（Barton Beds）中产出的众多软体动物化石之一，这一著名化石层发现于英国汉普郡（Hampshire）地区。通过将这些化石与现生近缘物种进行对比，研究者推测始新世时的这片海域可能深达 50 米，海水温度约为 18 摄氏度甚至更高。

扁卷螺　PLANORBIS

扁卷螺的壳体呈扁平螺旋状，腹面凹陷而背面平坦。扁卷螺的螺壳十分薄，没有上升的塔形轮廓，取而代之的是中央位置的凹陷。壳层向壳口方向明显逐渐增大，各壳层间有着深深的缝合线。不同的种具有不同的壳口形状，有些是椭圆形，有些则是新月形。壳面光滑，几乎没有任何纹饰，仅能观察到非常微弱的生长纹痕迹。

体型大小：直径可达 4 厘米。

时空分布：广布于世界范围内渐新世至今的地层中。

化石故事：扁卷螺薄薄的螺壳是典型的淡水螺类特征。之所以淡水螺类的螺壳较薄，是因为它们能从水体中获取的碳酸钙远远低于海生螺类。现生的扁卷螺以藻类为食，在静水和流水中均能生存。有些种类的扁卷螺能够顽强存活于氧气稀少的水体之中。为了对抗恶劣的环境，它们能够在血红蛋白中贮存氧气，紧急时甚至能在水体以外直接呼吸几口空气。

骨螺 MUREX

骨螺属内的成员外形纷繁多样。有些种个体很大，长着夸张的棘刺，有些则小很多，图中即展示了骨螺属内不

同种的形态差异。很多现生的骨螺壳体在出水口处剧烈拉伸，形成了“尾巴”状的构造。骨螺的壳层数量少，但壳体厚，体螺层远远大于其他壳层，螺旋部很短。壳面上生长纹清晰可见，和其他纹饰如棘刺和嵴突一同装点着螺体。壳口往往拉伸而增大。

体型大小：不同种间差别较大，有些体长可达10厘米。

时空分布：广布于世界范围内中新世至今的地层中。

化石故事：骨螺是一类肉食性动物，雌雄个体只有在交配时才会生活在一起。现生的骨螺一般生活在温暖的浅海地带。

土蜗 GALBA

这块精美的土蜗壳体具有特殊的纤长外形和巨大的体螺层。壳口形状简单，壳面上装饰有细腻的生长纹，壳层之间明显分隔。

体型大小：体长可达7厘米。

时空分布：发现于欧洲侏罗纪至今的地层中。

化石故事：土蜗和扁卷螺一样，也是壳体较薄的淡水

腹足类。它生活在湖泊之中，一同被发现的可能有扁卷螺和其他软体动物，以及植物和藻类化石。土蜗以附着在植物表面的藻类为食，与其有关的化石组合往往指示着当时亚热带的气候环境。

舟螺 CRUCIBULUM

舟螺具有帽贝的典型外形，常被称为“拖鞋帽贝”。整体呈低矮的圆锥形，底部开放。壳体外侧饰有以壳顶为起点的放射肋，以及一圈圈模糊不清的生长纹。壳体内侧光滑无突起，长有支撑消化器官的独特结构。由于圆锥状的外壳里面盛有小的支撑结构形似杯碟，因此又被称为“杯碟贝”。

体型大小：高度可达 5 厘米。

时空分布：分布于欧洲、北美和西印度群岛中新世至今的地层中。

化石故事：舟螺的生命周期十分奇异，它在刚出生时为雄性，经过 3—4 年的生长可以变为雌性。雄性舟螺较为活跃，而雌性则一般固着在海床或其他贝壳遗留的壳体上。

双壳动物

斜炭蚌 ANTHRACONAUTA

此属双壳动物的壳体左右对称，看上去单薄易碎。壳顶小而尖，壳体大致呈卵圆形，在壳顶附近稍有拉伸。壳体表面饰有无数的同心生长纹。

体型大小：体长可达 5 厘米。

时空分布：发现于欧洲石炭纪和二叠纪的地层中。

化石故事：斜炭蚌是一种生活在河口三角洲的淡水动物，化石往往发现于石炭纪晚期的河流、溪流、沼泽等沉

积物中。由于双壳动物演化速度慢、延续时间长，因此其化石一般不是确定相对地质年代的理想对象。不过也有例外，石炭纪晚期的一段相对年代序列即是基于淡水双壳类建立起来的。

石炭蚌 CARBONICOLA

石炭蚌的壳体两侧对称，相对较厚，向后稍有拉伸。壳体上饰有强烈发育的同心生长纹，无其他纹饰。铰合线呈弧形，共同形成壳顶的左右喙部并稍向对向弯曲。在壳体的内侧面，喙部下方有一个三角形的凹坑，凹坑附近可能还有两枚巨大的铰合齿。

体型大小：体长可达 5 厘米。

时空分布：来自俄罗斯和欧洲的石炭纪地层中。图中化石来自英国西约克郡（West Yorkshire）。

化石故事：和斜炭蚌一样，石炭蚌也通常发现于石炭纪晚期的河口三角洲沉积物中。它可能在河床上掘穴，用肉足努力将壳体挤进泥沙之中。在现生生物中，研究者常用珠蚌（*Unio*）与之进行对比。

盾板海扇 DUNBARELLA

盾板海扇的壳体较平，上面布满了无数纤细的放射肋，因此看上去如同扇面一般。壳体上同时饰有同心生长纹，铰合线长而直，如果保存完整的话还能发现翼状的小膨大。壳体内侧在壳顶下方具有铰合齿，但发育十分微弱。

体型大小：铰合线可长达5厘米。

时空分布：分布于北美和欧洲石炭纪的地层中。

化石故事：盾板海扇的化石往往压扁保存在黑色的页

岩之中，与之伴生的常有棱菊石（一类头足动物）和其他双壳类。偶尔也会同时发现一些体型非常微小的双壳类和腹足类，可能是尚未长成的幼年个体。黑色的页岩由淤泥压实沉积而来，一般形成于缺氧的海底。这一缺氧环境可能解释了这类岩石中底栖海洋生物的化石记录相对匮乏的原因。

马台贝　HIPPOPODIUM

马台贝的两片壳体又大又厚实，呈对称的双凸形且向后方拉伸。壳体表面装饰无数明显的拉丝状生长纹。

体型大小：体长可达 8 厘米。

时空分布：保存于欧洲和东非的侏罗纪地层中。

化石故事：很多软体动物的壳体随着成年会逐渐增厚，但马台贝的壳体从小就十分厚实，看上去沉重而笨拙。马台贝可能主要在泥沙中掘穴而居，与它同时发现的化石有菊石、海百合、其他双壳类以及箭石。

裂齿蛤　SCHIZODUS

裂齿蛤的特点在于壳体厚，表面光滑几乎没有任何纹饰，仅见一些非常微弱的生长纹痕迹。壳体稍稍向后延展，意味着它可能是在软底上掘穴而生的双壳类。壳体边缘较为平坦，喙部向内侧上方弯曲，壳体内部长有一个大型铰合齿。

体型大小：宽度可达 5 厘米。

时空分布：广布于世界范围内石炭纪和二叠纪的地层中。图中化石发现于英国达勒姆（Durham）地区。

化石故事：裂齿蛤属的不同种能够适应不同的生存环境。石炭纪的裂齿蛤常常与其他双壳类、鹦鹉螺、腕足类和海百合一起，发现于珊瑚礁形成的海相石灰岩中。二叠纪的裂齿蛤则多发现于富含碳质的泥灰岩中，很少与除腹足类和双壳类以外的其他生物相伴生。这种岩石一般形成于高盐度的内陆盆地，意味着当时它们生活的环境相当恶劣。

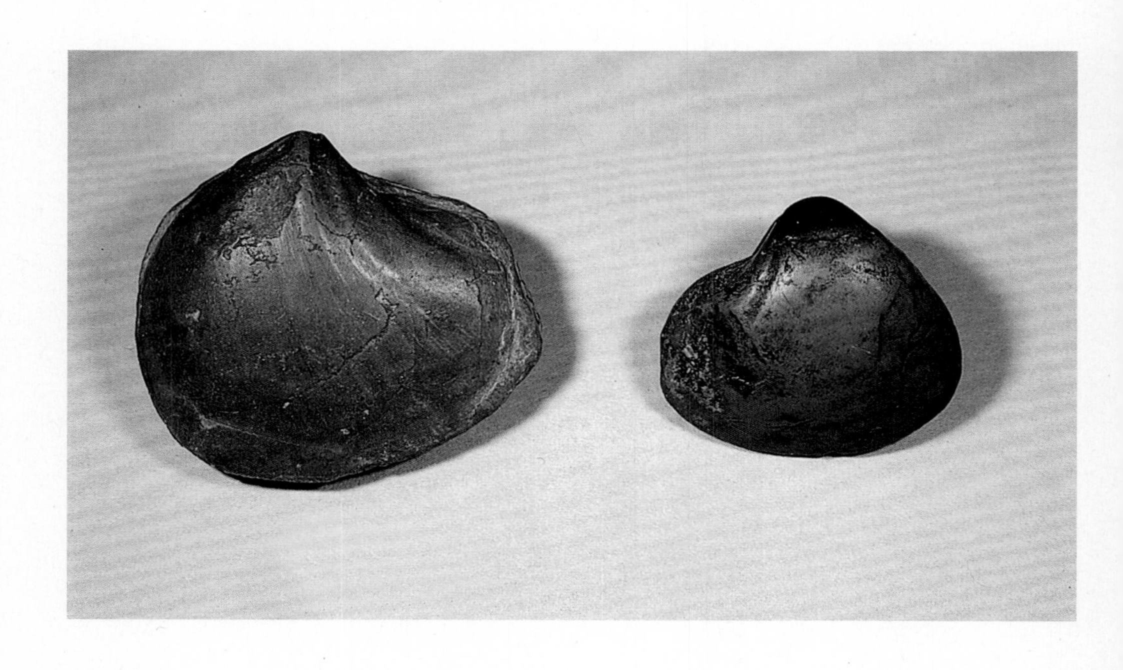

铰蛤　CARDINIA

铰蛤整体呈卵圆形，稍向后方拉伸，壳顶则指向前方。壳体表面的同心生长纹发育明显。壳体随着体型变大而增厚，符合双壳类的个体发育生长规律。

体型大小：宽度可达 20 厘米。

时空分布：广布于世界范围内三叠纪和侏罗纪的地层中。

化石故事：铰蛤能够钻进柔软的沉积物中，仅将壳体后端留在外面。它们可能以水体中悬浮的有机质为食，在侏罗纪的粉砂岩和泥岩中相当常见，与其伴生的一般为菊石、其他双壳类尤其是牡蛎，还有海百合以及掘穴而居的节肢动物。

尖角扇　OXYTOMA

尖角扇是一种形状奇特的双壳类，它的壳顶附近有一个翼状膨大，其上长出一根棘刺状的突起。壳体一侧平坦而一侧外凸，喙部指向上方。纹饰包括生长纹和放射肋，放射肋十分粗壮且间距很宽，末端越过壳体边缘形成刺状结构。

体型大小：体长可达 6 厘米。

时空分布：广布于世界范围内三叠纪、侏罗纪和白垩纪的地层中。

化石故事：尖角扇一般生活在海底，或附着于浮木等漂浮物之上。类似于诸多现生双壳类如贻贝，尖角扇也具有足丝结构。足丝由棕色的蛋白质组成，能够帮助它们固着自己的身体。

帘壳心蛤 VENERICARDIA

帘壳心蛤的两瓣壳体强烈外凸，看上去十分粗壮。喙部指向前方，壳体稍向后方拉伸。它的壳面纹饰很是独特，无数宽而平的放射肋之间夹着极为细窄的沟槽。壳体长有

波浪状的边缘齿，内部具有数枚巨大的铰合齿。

体型大小：体长可达 15 厘米。

时空分布：分布于北美、欧洲和非洲的古新世和始新世地层中。图中化石发现于英国汉普郡。

化石故事：帘壳心蛤也是一种掘穴生物，仅壳口部分会露出。它和其他众多双壳动物一起生活在浅海的泥沙里面，其厚重的壳体能够使其在动荡的浅水环境中保持身体的稳定。

笋螂 PHOLADOMYA

笋螂的两瓣壳体近卵圆形且外凸，后端拉伸，两瓣壳体间具有特殊的裂口结构。此裂口为永久性开孔，是掘穴型双壳类的典型结构之一。它们能够通过这一裂口将出水管伸出泥沙之外，从而汲取海水过滤食物。笋螂从不会将出水管彻底收缩回壳体以内。由于裂口的存在，沉积物很容易对其壳体内部进行填充，最终产生立体保存的化石标本。笋螂的壳体纤薄，表面饰有生长纹和小瘤。壳体内部没有铰合齿，但在外套线的内缘上具有一处凹陷，这也是

掘穴型双壳类的另一典型特征。

体型大小：体长可达 12 厘米。

时空分布：广布于世界范围内三叠纪至今的地层中。图中化石发现于英国格洛斯特郡。

化石故事：围岩的岩性告诉我们化石笋螂可能是生活在浅海地带的贝类。现生的笋螂则多见于大西洋和西印度洋较深的温暖海域中。

卷嘴蛎 GRYPHAEA

作为最广为人知的化石双壳动物之一，卷嘴蛎有着各式各样的别名，比如“恶魔的趾甲”。这种牡蛎的壳体与大部分双壳类对称的壳体不同，它的两瓣壳体形状差别很大，一瓣巨大而卷曲，包裹着相对细小的另一瓣。在图中左侧的横截面上可以清楚地看到，这瓣大壳体在无数生长层的叠覆下还发生了显著的增厚。壳面上饰有大量生长纹，壳顶强烈内凹，十分独特。卷嘴蛎属内划分有多个种，有些种的宽度比图中标本大很多。

体型大小：图中这种弓形卷嘴蛎（*Gryphaea arcuata*）体长可达16厘米，其他种则通常较小。

时空分布：广布于世界范围内三叠纪和侏罗纪的地层中。图中化石发现于英国北约克郡。

化石故事：卷嘴蛎特殊的壳形与其生活方式完美契合，年幼的卷嘴蛎利用足丝将自己固着起来，成年后一侧壳体变得巨大而厚重，它便以此为底座稳稳地栖息于海底。

叠瓦蛤　INOCERAMUS

叠瓦蛤的两侧壳体不对称，其中一侧外凸更加明显。铰合线平直，附近有形状不一的翼状膨大，壳体内部没有铰合齿。壳面纹饰由无数隐约的浅生长纹和几个粗大的放

射肋组成。叠瓦蛤的壳体在演化过程中一直变大变厚，直至其灭绝于白垩纪末。

体型大小：体长可达 12 厘米。

时空分布：广布于世界范围内的侏罗纪和白垩纪地层中。

化石故事：通过足丝，叠瓦蛤一般固着在海底岩石或者大型藻类和浮木等漂浮物上。侏罗纪的叠瓦蛤化石常常和菊石、其他双壳类以及腕足类一同出现，而白垩纪的叠瓦蛤则因其地层指示意义而闻名于世。尽管如今已被替代，叠瓦蛤曾一度是白垩纪的地层指示化石，它和海胆、海绵以及其他软体动物一起，在白垩纪的海洋里度过了漫长的岁月。

海菊蛤　SPONDYLUS

壳体上长长的棘刺是海菊蛤最明显的特征，但它们却极易折断而难以在化石上得以保存。比如图中这件标本，棘刺就已经丢失，只有棘刺基部的小凸起给我们留下一丝线索。海菊蛤的壳体左右不完全对称，一侧比另一侧更加外凸。壳面装饰着生长纹和粗大的放射肋，内部有一个较大的闭壳肌痕。铰合线平直，附近有时会发育耳状的小膨大，壳顶指向对侧。

体型大小：体长可达 12 厘米。

时空分布：广布于世界范围内侏罗纪至今的地层中。

化石故事：现生的海菊蛤生活在热带海域中，年幼时便将自己固着在其他物体之上。身体上的棘刺能够替海菊蛤分担壳体的重量，在柔软的海底沉积物上支撑起它的身体。

头足动物

似直角石 ISORTHOCERAS

似直角石是细圆锥形的鹦鹉螺类，在经过古生代的繁盛之后，于三叠纪销声匿迹。它的壳体是典型的“细长圆锥式壳”，通体笔直，末端变尖，横截面呈圆形。隔板相对壳口向内凹陷，在壳体内分隔出多个气室，与壳体外缘

相交形成的缝合线形式简单。每个隔板的中央都有一个小孔，用于容纳体管通过。壳体顶端长有一个细小的球形结构，称为“胎壳”，是幼年期壳体的残余。壳体扩大一端的住室往往容易在保存过程中破碎，在化石上很少见。

体型大小：体长可达 10 厘米。与其亲缘关系较近的直角石属则可以长到数米长。

时空分布：广布于世界范围内奥陶纪的地层中。图中化石来自美国爱荷华州（Iowa）马科基塔化石层（Maquokota formation）。

化石故事：似直角石可以通过气室控制浮力，使得直角的尖头向上，在海水中四处游动。由于游泳的习性，它的化石可能发现于各种不同的岩石之中。有时它们会大量聚集在一起成为化石，称为“直角石灰岩”，人们常将其收集起来抛光后作装饰之用。

棱菊石 GONIATITES

棱菊石的壳体呈扁平的螺旋形，两侧的脐孔均向内凹陷。脐孔很小，壳体内旋使得外部壳层遮挡住了内部壳层。图中切开的标本就展示出了壳体的内部螺旋，以及隔板是如何分隔各个气室的。壳面上饰有螺旋花纹和纤细的生长线，若最外层壳面磨损丢失，内部的缝合线便会暴露出来。通常棱菊石的生长线呈锯齿状，若与菊石极为繁复的生长线相比，棱菊石的生长线可以说是相当简单了。

体型大小：直径可达 5 厘米。

时空分布：发现于北美、北非、亚洲和欧洲石炭纪的地层中。

化石故事：作为海洋中自由的游泳者，棱菊石被选为了石炭纪的带化石，正如菊石是中生代的带化石。棱菊石游泳的习性令其出现在各种类型的岩石中，从而使得人们

能够对不同沉积环境下形成的地层进行对比。棱菊石属是棱菊石目中的一员，此目中还有很多其他成员。

海神石　CLYMENIA

海神石的壳体扁平而光滑，仅隐约饰有一些生长纹。从细小的脐孔到巨大的住室，壳层外旋而逐渐变大，标定

隔板位置的缝合线相对较为简单。菊石的体管通常位于腹侧，海神石却是个例外，它的体管居然位于背侧。

体型大小：直径可达 8 厘米。

时空分布：分布于欧亚大陆和北非泥盆纪的地层中。

化石故事：海神石中某些种和棱菊石一同被当作泥盆纪晚期的带化石。海神石在泥盆纪末彻底灭绝，而棱菊石一直存活到了石炭纪。海神石是一类可以自由游泳的菊石，往往发现于近海沉积物中。

单叶菊石　MONOPHYLLITES

单叶菊石的壳体十分扁平，形似光盘，壳层具有椭圆形的横截面。壳体内旋使得外圈较大的壳层遮挡住了大部分内圈壳层。薄薄的壳面上纹饰不多，生长纹密集但很浅，略向腹侧弯曲。

体型大小：直径可达 10 厘米。

时空分布：分布于北美、欧洲和亚洲三叠纪的地层中。

化石故事：如今的北大西洋地区在三叠纪时大多是干旱而炎热的陆地，生活环境相当恶劣。在这块陆地的南方则是一片海洋，也是单叶菊石等软体动物的家园。

裸菊石 PSILOCERAS

裸菊石的壳层接近外旋，稍有叠覆但每一层依然清晰可见，其横截面为圆形。大部分的裸菊石都压扁保存在侏罗纪的页岩中，图中展示的是非常少见的、立体保存的化石。裸菊石的壳面上往往具有波浪状的细小横肋，但图中大部分标本的壳面已经破损丢失。在图中的大个体上，我们依稀能分辨出缝合线的踪迹。鉴于在有些出露的住室上找不到缝合线的痕迹，整块岩石中应当还埋藏着壳面完整的个体。

体型大小：直径可达 7 厘米。

时空分布：分布于欧洲、印度尼西亚、北美和南美侏罗纪最早期的地层中。图中化石发现于英国约克郡。

化石故事：扁卷裸菊石（*Psiloceras planorbis*）是裸菊石属中的一种，它具有重要的地层学意义，是侏罗纪早期的地层指示化石。它在地层中的出现，标志着三叠纪的终止和侏罗纪的起始。

阿尔尼奥菊石 ARNIOCERAS

图中化石聚集了众多阿尔尼奥菊石，有些壳面破损丢失因而显得十分光滑，有些则相当完整地保留下了壳面的各种纹饰，以及住室和缝合线。壳体外旋，腹侧有一条尖锐的脊状突起，突起两侧各具一条窄沟。壳面饰有自脐孔向外呈放射状的粗壮横肋，微微向壳口方向弯曲。

体型大小：直径可达 5 厘米。

时空分布：广布于世界范围内侏罗纪早期的地层中。图中化石发现于英国多塞特郡。

化石故事：此属中的一种——半肋阿尔尼奥菊石（*Arnioceras semicostatum*），是侏罗纪早期地层的带化石。

指菊石　DACTYLIOCERAS

外旋的壳体常被描述为蛇盘形，即形似一条盘起的蛇。密集的横肋以脐孔为中心向外发散，并在腹侧附近分叉。指菊石一属中已命名了多个种，各种之间多以螺旋方式和壳面纹饰相区别，有些长有成排的小瘤，有些横肋则明显较为纤细。指菊石是一类相当常见的菊石，在有些化石点会同时发现成群的大量个体。

体型大小：直径可达 10 厘米。

时空分布：广布于世界范围内侏罗纪早期的地层中。图中化石发现于德国霍尔茨马登（Holzmaden）地区。

化石故事：在英国北约克郡流传着一则传说，称这些菊石是被圣希尔达（St Hilda）变成石头的蛇的遗存。圣希尔达在惠特比（Whitby）一处悬崖上建立的修道院正好位于侏罗纪地层之上，周围随处可见菊石化石，从而激发了

人们的想象。为了与这个传说相契合，当地的化石商人常常将蛇头的形象雕刻在菊石之上。

螺菊石 SPIROCERAS

螺菊石的形态多变，但统统与典型的对称形菊石相去甚远。它松散的壳体并未完全形成收紧的螺旋，有时可能像“开瓶器”一样向上盘旋。壳面主要的纹饰是粗壮的横肋，与壳体长轴呈直角相交。壳体腹侧可能存在一些平滑的区域，有些种类的腹侧则长有成排的小瘤。

体型大小：直径可达 7.5 厘米。

时空分布：分布于欧洲、俄罗斯和非洲侏罗纪的地层中。

化石故事：此类菊石和白垩纪的诸多种菊石相似，特殊的松散螺旋形态在白垩纪已变得十分常见。据推测，具有此类外形的菊石很可能已经不再具有菊石典型的自由游泳习性，而是更倾向于过着固着于海底的生活。

宽头菊石　LIPAROCERAS（大）和
喇叭菊石　AEGOCERAS（小）

图中大小迥异的宽头菊石和喇叭菊石被认为是同一种菊石的雌性和雄性，二者间的差异源自两性异形。这两块菊石看上去相似度很高，喇叭菊石仿佛就是少了外面几圈壳层的宽头菊石。在详细研究了它们的演化历程之后，人们发现它们几乎是在同一时间演化出了相同的形态，近乎外旋的壳体上饰有粗大的横肋，且在腹侧分叉。

体型大小：宽头菊石直径可达 10 厘米，喇叭菊石直径最大仅为 6 厘米。

时空分布：分布于欧洲、北非和印度尼西亚侏罗纪早期的地层中。图中化石发现于英国格洛斯特郡。

化石故事：由于在确定二者互为雌雄之前，它们已经各自被命名，因此目前依然经常各自使用不同的称谓[1]。

[1] 根据国际动物命名法规，其实应当废除后命名的名称，而将其归入先命名的属种中。——译者注

星菊石 ASTEROCERAS

星菊石的壳体上松散地分布着粗大的横肋，腹侧发育有一条脊状突起，两侧各具一条浅沟。横肋并未跨越腹脊，仅止于此，且在其附近稍向壳口方向弯曲。图中这块化石保存得十分精美，是了解菊石身体结构的理想对象。整块壳体为沉积物所填充，因此得以立体保存。由于住室为黑色沉积物填充，后方气室为灰黄色沉积物所填充，我们可以轻而易举地分辨出二者间的界线。黑色的住室自壳口开始向后延伸近半圈，灰黄色的气室外则可以清楚地观察到其复杂的缝合线结构。由于缝合线为分隔气室的隔板与壳面的交线，我们可以看到住室上没有它的痕迹。

体型大小：直径可达 10 厘米。

时空分布：分布于欧洲、亚洲和北美侏罗纪早期的地层中。

化石故事：钝角星菊石（*Asteroceras obtusum*）是侏罗纪早期地层的带化石。

菊石的两性异形

研究显示，一些曾被认为是不同种类的菊石，却在同一时间演化出了相同的特征，并在同一时间携手走向绝灭。现在人们一般认为这些大小迥异的菊石，更可能是同一种菊石的雌雄个体。现生头足动物不同性别间有着体型的巨大差异，如有着“纸鹦鹉螺”之称的扁船蛸（*Argonauta argo*）的雌性体型可能比雄性大 20 倍！若要对体型进行对比，则必须选取完整的成年个体进行研究。对于化石而言，对大壳体和小壳体究竟孰雄孰雌的确定是非常艰难的。基于现生头足类的线索，古生物学家一般推测大壳体的菊石更可能是雌性个体。

原微菊石 PROMICROCERAS

原微菊石的壳体外旋，壳层之间轻微叠覆但均暴露在外。壳层的横截面为圆形。粗大的放射肋以脐孔为中心，宽间距地分布在壳面上，在靠近腹侧处稍显弯曲平坦。

体型大小：直径最大仅为3厘米。

时空分布：仅分布于欧洲侏罗纪早期的地层中。

化石故事：图中化石发现于英国萨默塞特郡著名的马斯顿大理岩（Marston marble），密密麻麻的原微菊石壳体几乎布满了整块岩石。菊石通常不会以如此密集的形式产出。图中有些菊石还保留着灰白色的原生壳面，有些已破碎且露出内部复杂的缝合线。壳体一分为二时，还能观察到内部的气室结构。

科斯莫菊石 KOSMOCERAS

科斯莫菊石的壳面有着美丽而复杂的纹饰，包括小瘤、棘刺和腹侧分叉的横肋。图中化石展示出了部分纹饰，壳口处还保存了向外伸出的奇特垂饰。由于产出于泥页岩之中，此件标本被严重压扁。

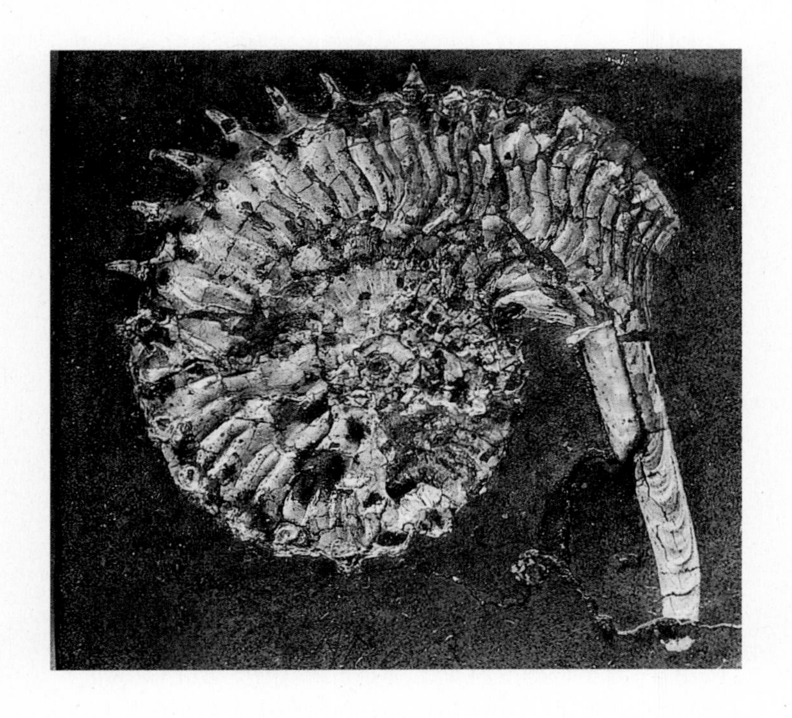

体型大小：直径可达 6 厘米。

时空分布：广布于世界范围内的侏罗纪中期的地层中。

化石故事：对于科斯莫菊石属中不同种的研究显示，它们可能具有两性异形的特点。同一层中产出的形态相仿的化石在体型和纹饰上有所区别，很可能一组为雌性，而另一组为雄性。

旋菊石 PERISPHINCTES

旋菊石的壳体外旋，所有壳层都暴露在外，横截面近方形。壳面纹饰有一排一排的横肋，在腹侧分叉为 2 支或 3 支，最外圈壳层上的横肋尤为粗大。如果壳体保存完整的住室，那么壳口附近的壳面可能趋于平滑。

体型大小：大型菊石，直径往往超过 20 厘米。

时空分布：分布于欧洲、非洲，以及日本、巴基斯坦

和古巴侏罗纪的地层中。图中化石发现于马达加斯加。

化石故事：旋菊石具有体型上的两性异形，大壳型和小壳型个体在形态特征上几无差异，但小壳型个体往往在壳口处长有向外伸出的垂饰（与科斯莫菊石的垂饰相仿）。

巴甫洛夫菊石　PAVLOVIA

巴甫洛夫菊石的壳体外旋，内圈壳层和脐孔均清晰可见。壳面上饰有的横肋十分粗壮，边缘锋锐，且在腹侧分叉。内圈壳层上的横肋排列较外圈壳层更为紧密。下页图中标本表面灰白色的部分可能是它残留下的原生壳面。

体型大小：大型菊石，直径可达 40 厘米。

时空分布：分布于欧洲、亚洲和格陵兰地区侏罗纪晚期的地层中。

化石故事：筒形巴甫洛夫菊石（*Pavlovia rotunda*）和

仙女巴甫洛夫菊石(*Pavlovia pallasinoides*)均被选为带化石。图中化石为黑色泥岩所填充，使得至少最外圈的壳层得以立体保存下来。由于沉积物难以通过隔板进入内圈壳层，菊石的内圈壳层往往压扁较为严重。

泰坦菊石 TITANITES

泰坦菊石的壳体外旋，外表其貌不扬。横肋在腹侧分叉，并在壳口附近略微加密并弯曲，因此通过观察是否存在加密的横肋，即可判断壳体是否完整保存至壳口。据推测，菊石在成年以后会逐渐降低壳体的生长速度。

体型大小：泰坦菊石是最大的菊石之一，直径常常能超过 1 米。

时空分布：分布于欧洲、亚洲、加拿大和格陵兰地区

侏罗纪晚期的地层中。图中化石发现于英国多塞特郡。

化石故事：两种泰坦菊石被选为侏罗纪地层的带化石。

多维尔菊石 DOUVILLEICERAS

多维尔菊石的壳体近乎外旋，最外圈壳层几乎占据了其高度的一半。壳面饰有异常突出的横肋，横肋在腹侧未

有分叉，却长有较大的瘤，使得壳体看上去疙疙瘩瘩凹凸不平。但有些多维尔菊石的最外圈壳层上没有这些小瘤。

体型大小：直径通常在 5 厘米左右。

时空分布：分布于北美、南美、欧洲、印度和马达加斯加白垩纪的地层中。图中化石发现于法国。

化石故事：乳突多维尔菊石(*Douvilleiceras mammillatum*)是白垩纪的一种带化石。上页图中化石保存了灰白色的原生壳面，内部为棕黄色沉积物所填充，壳面上也沾染了同样的沉积物。

杆菊石　BACULITES

杆菊石一般仅有一两个螺旋的壳层，从中延伸出的绝大部分壳体逐渐变宽呈长直的杆状。完整的杆菊石化石较为罕见，发现的通常都是一些断片，如图中所示。壳体的杆状部分侧向略微压扁，横截面呈椭圆形。大部分杆菊石的壳面光滑没有纹饰，仅少数种类具有横肋和腹侧的瘤。壳口自背侧向外延伸，形成一个“吻部”结构。

体型大小：发现的化石大多为数厘米至数十厘米，成年杆菊石的完整体长可达 2 米。

时空分布：广布于世界范围内白垩纪的地层中。图中化石发现于美国南达科他州（South Dakota）。

化石故事：白垩纪早期的杆菊石往往较小，到了晚期逐渐演化成了菊石中的庞然大物。

船菊石 SCAPHITES

船菊石的壳体卷曲程度很低，与其他菊石有所不同。它的内圈壳层内旋且紧紧地包裹在一起，外圈壳层包括住室则松散开且末端呈钩状，这一部分在化石中往往丢失而未能保存。船菊石的壳体扁平，壳口狭窄，壳面饰有成排的小瘤和较为密集的横肋，横肋在腹侧向前弯曲。

体型大小：宽度可达 7.5 厘米。

时空分布：分布于北美、智利、南非、马达加斯加和澳大利亚白垩纪的地层中。

化石故事：人们对于这一长相奇特的生物究竟如何生活进行了无数的讨论，其中一个推测是，船菊石在海里可能螺旋部在上，住室在下，壳口向上。由于特殊的身体构造，船菊石难以进行灵活的侧向移动，因此它是个游泳健将的可能性很低。

新角石 CENOCERAS

新角石是一种鹦鹉螺类动物，虽然外表看上去和菊石很像，但二者有很多本质上的区别。和现生的珍珠鹦鹉螺（*Nautilus pompilius*）一样，新角石的壳体内旋，在外部仅能见到最后一圈壳层。图中化石的原生壳面已破碎丢失，露出式样简单的缝合线，而这与菊石曲折繁复的缝合线有着天壤之别。若新角石的原生壳面依然留存，那么就可以观察到它表面平滑，生长纹十分微弱。除了缝合线，鹦鹉螺和菊石的另一大区别在于体管的位置，菊石的体管位于腹侧，而鹦鹉螺则位于中央。

体型大小：直径可达 15 厘米。

时空分布：广布于世界范围内三叠纪和侏罗纪的地层中。

化石故事：现生的鹦鹉螺生活在东南亚和澳大利亚附近温暖的热带海域中，但有时死亡后的壳体可能会漂到印度洋和日本北部。菊石和鹦鹉螺有着相似的气室浮力系统，因此推测，我们在某一地点发现的菊石化石，实际上是死亡后从他处漂流而来，并不能代表发现地当时的环境。

高诺箭石　ACROCOELITES

这些尖尖的圆锥状化石属于箭石类，是类似乌贼的软体动物遗留下的内部硬体结构。箭石一般通体光滑，在圆锥底端可能保存闭锥的残余。图中所示的结构是箭石“鞘”的部分。箭石内部分隔为各个气室，体管位于中心位置。它由碳酸钙一层一层堆积而成，有时在化石的破损处依然能看到这一层状结构。鞘和闭锥之外环绕着它柔软的身体，硬体较宽的一侧是它的头部所在，头上长着触手、漏斗和眼睛。

体型大小：体长可达 10 厘米。

时空分布：分布于北美和欧洲侏罗纪的地层中。

化石故事：和其他头足类一样，箭石的漏斗用来喷出水流，从而实现游动。已有证据显示箭石和一些现生头足类如乌贼一样，也具有墨囊结构，可以在遇到危险时喷出墨汁混淆对方的视线。

七　脊椎动物

相较于软体动物、节肢动物和棘皮动物等无脊椎动物，人们发现的脊椎动物化石少得多。脊椎动物在演化史上的出现远远晚于无脊椎动物，因此能够发现它们的地层范围也就受到了限制。很多脊椎动物栖息在陆地上，风化和剥蚀作用使得陆相沉积物中化石的保存也更加困难。一具遗留在陆地的骨架即使顺利被泥沙掩埋，也仍有可能被后续的风化剥蚀所破坏。尽管如此，世界上仍有一些宝贵的化石点产出了大量脊椎动物化石。中国、非洲和北美是很多恐龙及其他脊椎动物化石的故乡，而这些化石点往往地处偏远，交通不便。鱼类和海生爬行动物的化石相对常见一些，因为它们所处的海洋环境与软体动物及其他无脊椎动物一样，在沉积过程中受到的扰动远远小于陆相环境，对化石的保存更加有利。脊椎动物的化石往往比较破碎，有时也许只能找到一颗孤单单的牙齿。脊椎动物的骨骼在身体中为肌肉韧带所连接，一旦动物死亡后肉体腐烂或变成了食腐动物的美餐，失去连接介质的骨骼很快就会分散开，无法再保持关节。话虽如此，脊椎动物的骨骼自身却极为坚韧。此外，牙齿和鳞片同样也具有稳定的物理和化学性质，因此只要有适合的沉积环境，它们其实很容易形成化石。本章选取了一些较为常见的化石种类，以期为大家提供一些参考。

化石鱼类在河流或湖泊干涸时，往往集群死亡诞生了如图中所示的密集化石。此化石发现于中国新生代的地层中

鱼类的演化

世界上最早出现的一群鱼类称为“无颌类”。在美国怀俄明州寒武纪地层中发现的无颌类碎片是最古老的脊椎动物化石之一[1]。无颌类是一类没有上下颌、纤长且常常披盔戴甲的鱼类。现生无颌类包括身体光滑、形似鳗鱼的七鳃鳗，甲胄鱼类则是化石无颌类的主要代表。鱼类在志留纪晚期和泥盆纪时经历了快速的演化，出现了一大批不同的属种。如今已经灭绝的盾皮鱼类长出了原始的上下颌和成对的鳍，是当时海洋中最为常见的脊椎动物，直至泥盆纪末彻底消失于世。软骨鱼类也是一类具有上下颌的鱼类，其中有些属种具有软骨质的骨骼，比如大白鲨等鲨鱼就属于软骨鱼类中的一员。最后出现的、也是至关重要的一大类群是硬骨鱼类，顾名思义，即长有硬质骨骼的鱼类。它是当今生物界中分布最广泛、最常见的鱼类，其化石记录最早可以追溯到泥盆纪[2]。在硬骨鱼类中，真骨鱼类数目最为庞大，总鳍鱼类则与两栖动物具有一系列相似的形态特征。

---

[1] 目前一般认为产自中国云南寒武纪地层中的海口鱼（*Haikouichthys*）是最古老的鱼类化石。——译者注

[2] 硬骨鱼类分为辐鳍鱼类和肉鳍鱼类两大支系，最早的辐鳍鱼类可追溯至泥盆纪，最早的肉鳍鱼类则可追溯至志留纪晚期。——译者注

↑ 这一两栖动物化石属于离片椎类，发现于英国苏格兰南部石炭纪的地层中。类似的化石在美国西弗吉尼亚州（West Virginia）、加拿大新斯科舍省（Nova Scotia）、格陵兰地区和澳大利亚亦有发现

两栖动物与爬行动物

泥盆纪时，两栖动物逐渐从鱼类中演化而来。最早的两栖动物化石发现于格陵兰地区。石炭纪晚期随处可见的林地沼泽，使地球成了两栖动物的乐园。此时的两栖动物如离片椎类在溪流和沼泽湖泊中产卵，等候宝宝们成长。两栖动物的化石和现生种类非常相像，比如蝾螈、大鲵和蛙类——其中蛙类自三叠纪才开始出现。

伴随着早期两栖动物的演化，爬行动物在石炭纪终于登上了历史舞台。爬行动物相对于两栖动物的一大优势在于，它们终于可以彻底离开水体繁衍生息。它们产下的羊膜卵拥有坚硬的外壳，幼体可以在蛋里完成大部分发育过程，而不需要经历如两栖类般的幼体期。化石爬行动物

中的明星类群非恐龙莫属。巨大的植食蜥脚类恐龙如腕龙（*Brachiosaurus*）和梁龙（*Diplodocus*），体重可能超过 30 吨。兽脚类恐龙中则有着各种各样的大型猎手，比如著名的霸王龙（*Tyrannosaurus*）。不过根据最新的研究，霸王龙可能并不是如它外貌所示的凶悍猎手，而更可能是个以尸体为生的食腐者。除了蜥脚类和兽脚类组成的蜥臀目，鸟臀目是恐龙的另一大支系，包括各种形式各异的属种，大的、小的、两足行走的、四足行走的等。禽龙（*Iguanodon*）便是一种大型鸟臀类恐龙，体长可达 10 米。鸟臀类中还有很多成员身披厚厚的铠甲和头盾，比如三角龙（*Triceratops*）。除了恐龙，地球历史上还出现过很多其他化石爬行动物，比如鳄鱼、海里的鱼龙和蛇颈龙，以及曾经翱翔于天际的翼龙。

恐龙的灭绝

关于恐龙在白垩纪末灭绝的原因，人们已有无数的揣测与争论。事实上它们并不是如很多人想象中消失得那般突然，而是经过了约百万年的时间才彻底与地球告别。在白垩纪末的大灾难中消失的不只有恐龙，很多海洋生物包括 75% 的浮游生物也不幸灭绝，其中还有演化十分成功的无脊椎动物——菊石。不过在生物大量灭绝的背景下，哺乳动物、鸟类和一些头足动物比如乌贼和鹦鹉螺，依然挺过灾难顽强地存活了下来。

造成恐龙灭绝的主要原因可能有两个：气候变化和小行星撞击。有证据显示，白垩纪末期的海平面发生了明显下降，使得地球上有海洋覆盖的区域日趋减少，最终造成了全球范围的温度上升。一项对白垩纪石灰岩中氧同位素的研究证实了一点。另一个目前人们较为接受的推测是小

脊椎动物化石遗存。脊椎动物的骨骼、牙齿和其他身体部分常常被河流或海水冲积在一起，保存为一堆化石碎片。图中化石发现于三叠纪的地层，其中包裹着无数骨骼的碎片和鱼类的鳞片

行星撞击地球说。撞击点处黏土层中的铱元素和附近的冲击石英，都是撞击曾经发生的证据。在这一猛烈的撞击下，扬尘和碎块遮天蔽日，久久不能散去，植物失去了阳光而大片死亡，食物链就此崩断。

很多恐龙和其他脊椎动物的化石实际上是由业余爱好者发现的，关于它们有着很多的传奇故事，其中最著名的恐怕非禽龙莫属了。这种最早被发现的大型恐龙由一位医生的妻子发现于英国的萨塞克斯郡（Sussex）。最近，热情的化石猎人们在英国怀特岛（Isle of Wight）又挖出一大批恐龙骨骼，其中很可能有着欧洲体型最大的蜥脚类恐龙。

哺乳动物的演化

侏罗纪和白垩纪时，长得像小老鼠一样的早期哺乳动物已经开始出现在地球上，人们在蒙古地区的白垩纪地层中发现了一系列这样的哺乳动物化石。在恐龙灭绝之后，地球在新生代空出了大量生态位，哺乳动物抓住这一时机开始迅速演化，开疆辟土。很多植食性的哺乳动物在新生代长成了庞然大物，巨犀（*Indricotherium*）就是其中一员，它形似巨型犀牛的身躯可以长到 5 米高（肩高）。这些巨兽们的崛起依赖着草原的扩张，同时也为老虎等食肉动物提供了大量食物。哺乳动物不断分化，有些勇敢的探索者更是从陆地飞上了蓝天，依神蝠（*Icaronycteris*）是最古老的化石蝙蝠之一，而一种化石鼯猴（*Colugo*）也能在树木间滑翔。龙王鲸（*Basilosaurus*）是生活在中新世的一种巨型鲸类[1]，可以长到骇人的 25 米长。新生代纷繁多样的哺乳动物们在两万年前却开始纷纷灭绝消失，至今为人们留下了不解的谜题。

---

[1] 目前一般认为龙王鲸生活在晚始新世，而非中新世。——译者注

头甲鱼 CEPHALASPIS

头甲鱼全身披盔戴甲，头甲尤其巨大。头甲两侧向后伸出，乍一看有点儿像三叶虫身上的棘刺。头部具有感觉区，可以感知水压的变化，头顶中央还长着一双靠得很近的眼睛，鳃部和口部则位于头甲以下的位置。细长的身体看上去有点儿像现生鳗鱼或者七鳃鳗，末端逐渐变尖，和典型的鱼尾有些区别。头甲鱼属于甲胄鱼类，是最古老的脊椎动物类群之一。

体型大小：体长可达 10 厘米。

时空分布：广布于世界范围内志留纪和泥盆纪的地层中。

化石故事：头甲鱼生活在一片广袤大陆之上的淡水湖泊之中，这片大陆包括现在的北美、格陵兰和欧洲西北部。

与头甲鱼相伴生的常有其他鱼类化石、植物以及板足鲎类。在对头甲鱼的脑部结构进行研究后人们发现，它的脑部形似一种现生的寄生鱼类——七鳃鳗。

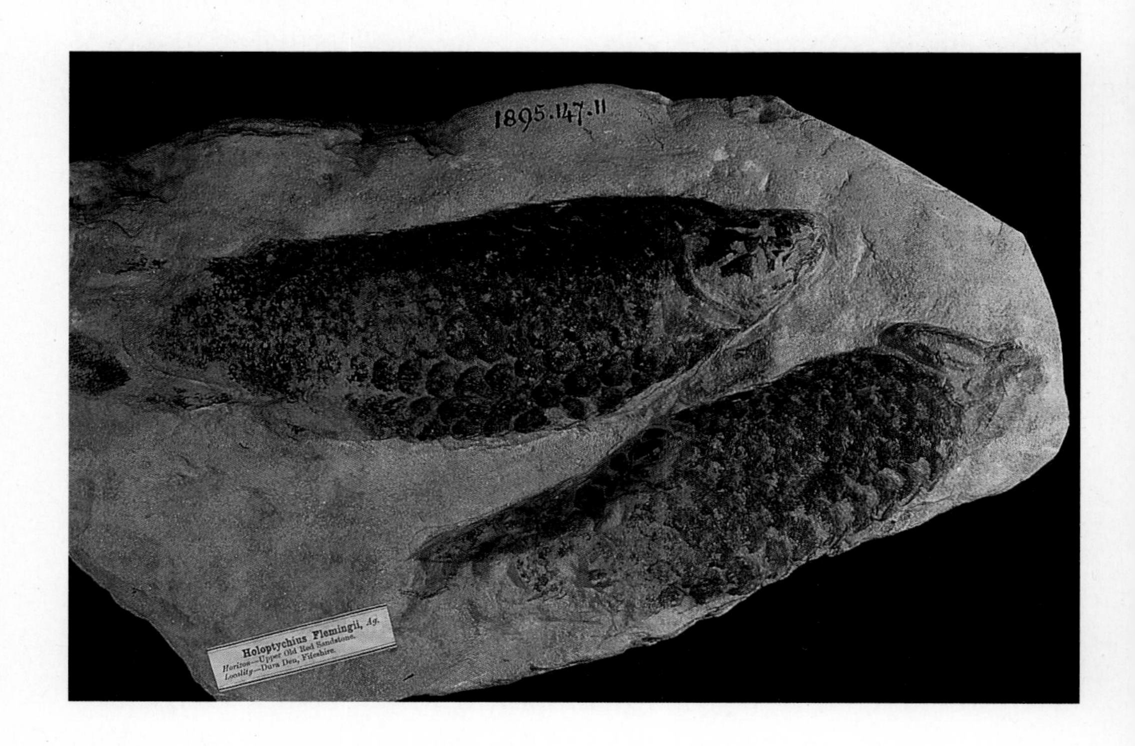

全褶鱼 HOLOPTYCHIUS

全褶鱼看上去比头甲鱼更接近现代鱼类，具备更多鱼类的典型特征。它全身覆盖着圆形的大鳞片，看上去像层层叠叠的瓦片一般。全褶鱼叶状的鱼鳍里面其实长有骨骼，分叉的尾部腹叶内同样也长有骨骼。

体型大小：体长可达50厘米。

时空分布：广布于世界范围内泥盆纪和石炭纪的地层中。

化石故事：全褶鱼生活在淡水湖泊与河流中，偶尔可能会大量集群形成化石。苏格兰法夫（Fife）地区是著名的发现点，同一地点常发现大量化石，也是左图中化石的原产地。如果对这一化石点的沉积物进行大尺度的立体研究与追索，我们会发现它们是小型盆地中充填的砂岩，其中包裹着无数的鱼类化石。由此可以推测，这一地区在当时曾经经历了一场严重的干旱，河流枯竭，鱼儿们被困在小池塘之中，最终难逃彻底干涸而被掩埋的厄运。

沟鳞鱼　BOTHRIOLEPIS

沟鳞鱼的化石往往仅保存头甲，如图中所示。它的头甲上长有两个长长的鳍状结构，可以进行不同步的活动，看上去十分奇特。头部被一系列大型骨板所包裹，无数细小的突起使得头甲表面宛如一张砂纸。头部后方的尾部裸露且没有鳞片包裹，尾鳍末端分叉且腹叶较大。

体型大小：整个身体可长达 20 厘米。

时空分布：广布于世界范围内的泥盆纪地层中。

图中化石发现于加拿大著名的化石产地司考曼纳克湾（Scaumenac Bay）。

化石故事：沟鳞鱼是一种盾皮鱼类，具有盾皮鱼类典型的简单颌骨和成对的胸鳍。

鳕鳞鱼 CHEIROLEPIS

鳕鳞鱼细长的躯体上覆盖着无数近方形的细小鳞片。它的鳍很有意思，开始和大多数现生鱼类一样，由辐射状的鳍条所支撑。鳕鳞鱼的尾鳍背叶和腹叶不对称，背叶略大于腹叶，背鳍仅有一个。

体型大小：体长可达35厘米。

时空分布：广布于世界范围内的泥盆纪地层中。

化石故事：硬骨鱼类是现生鱼类中占优势地位的类群，

而鳕鳞鱼则是它们遥远的祖先。它在淡水湖泊与河流里生活，常与其他鱼类、植物和节肢动物一同发现于细粒的砂岩之中。

环褶鱼 GYROPTYCHIUS

鱼类的鳞片和牙齿都十分坚韧，往往比较容易保存为化石。图中化石产自苏格兰奥克尼群岛（Orkney），浑身覆有黑色的菱形鳞片。它的头部包裹着大大的鳞片和骨板，身体则略显纤长。尾端稍变细，尾鳍短而简单，附近长有两对圆形的短鳍。

体型大小：体长可达 7 厘米。

时空分布：广布于世界范围内泥盆纪的地层中。

化石故事：此种鱼类生活在淡水中，常常与其他鱼类如鳕鳞鱼和双鳍鱼（*Dipterus*）等一同发现。它的游泳能力可能并不强，更倾向于以鳗行式在湖泊或河流的底床上四处活动。

双鳍鱼 DIPTERUS

双鳍鱼身形短粗，头尾较大，鳍上覆有骨甲，尾鳍背叶较大。它的上下颌里长着扁平的牙齿，推测可以压碎小型的甲壳动物以取食。

体型大小：体长可达 7 厘米。

时空分布：广布于世界范围内的泥盆纪地层中。图中化石发现于苏格兰的艾克拿哈里斯地区（Achnaharras）。

化石故事：双鳍鱼和现生肺鱼颇为相似，具有重要的演化意义。当河流湖泊系统干涸时，绝大部分鱼类都会死亡，而双鳍鱼却能从空气中获取少量氧气，为自己熬过干旱多争取一线生机。力量得以增强的鳍对于双鳍鱼来说也意义匪浅，当湖泊干涸时，它们也许可以艰难地爬过淤泥，去寻找一片赖以生存的新水体。

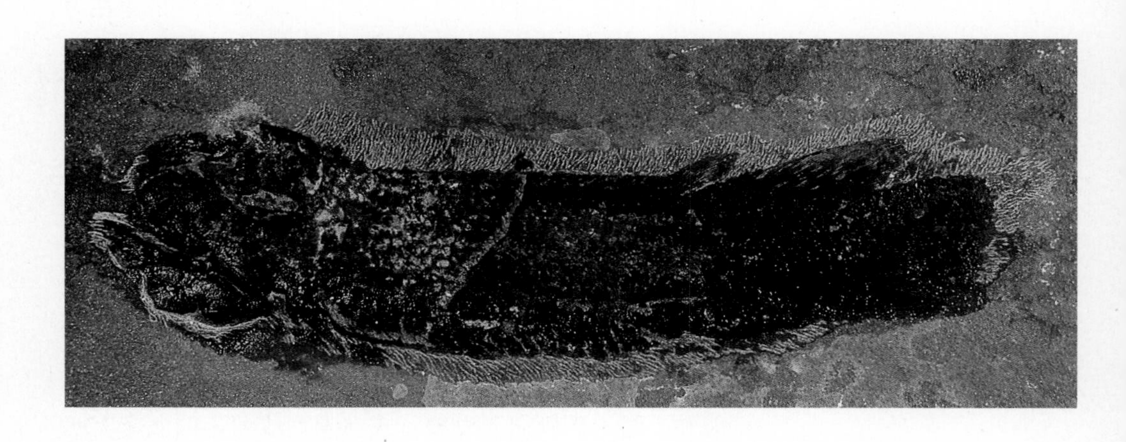

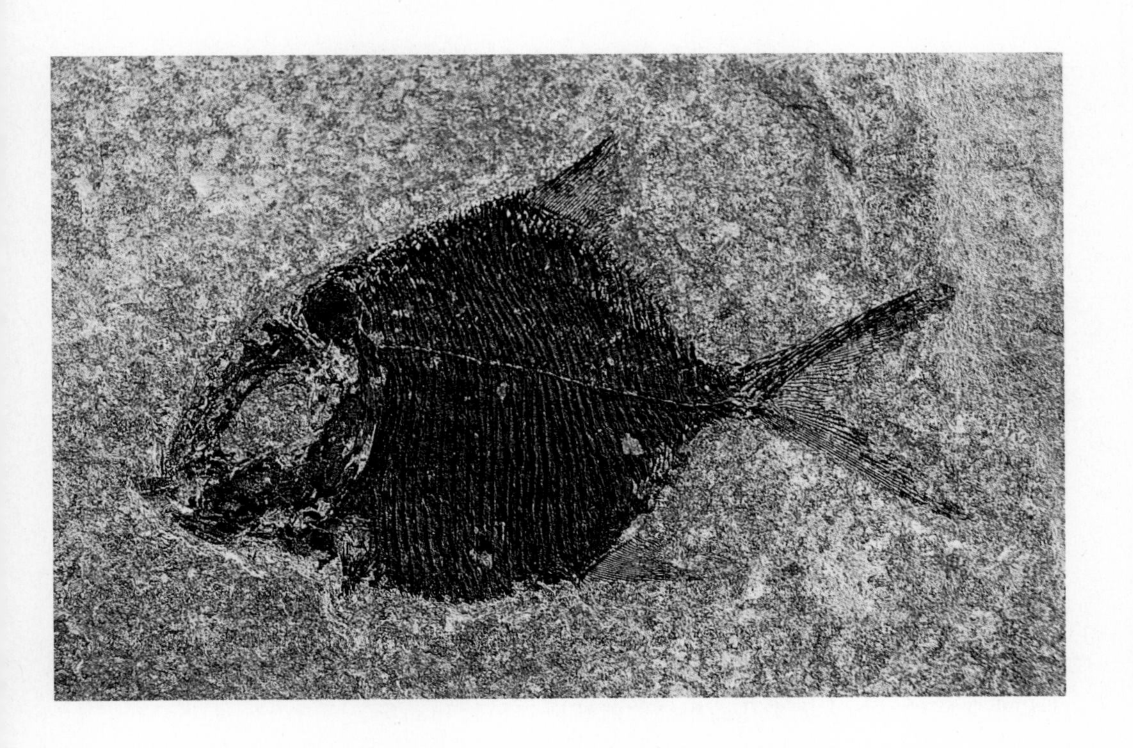

扁体鱼 PLATYSOMUS

在扁体鱼宽扁的身体上，从背侧到腹侧满满地覆盖着成排的长条形鳞片。头上的鳞片和骨板则更大一些，尾型上下对称。因拥有三角形的大鱼鳍，所以有人认为它们可能是游泳高手。扁体鱼的牙齿呈圆锥形，适宜于压碎食物。

体型大小：体长可达 10 厘米。

时空分布：广布于世界范围内石炭纪和二叠纪的地层中。

化石故事：扁体鱼生活在海洋中，具有很多现代鱼类的特征，比如单一的背鳍。与其一同发现的常常还有其他鱼类，以及植物和一种名为舌形贝（*Lingula*）的腕足动物。

角齿鱼 CERATODUS

这是一件名为“角齿鱼”的肺鱼牙齿化石。这一看上去相当坚固的结构表面多孔而粗糙，能够碾碎植物和动物来食用。牙齿的材质十分坚韧，因此常常是生物体唯一留下的化石遗存。

体型大小：图中的角齿鱼牙齿长约 2 厘米。

时空分布：广布于世界范围内三叠纪的地层中。图中化石来自一处富含脊椎动物化石且时代跨度较长的化石层，这样的层位被称为“骨层”（bone bed）。骨层中往往会大量发现脊椎动物牙齿和骨骼碎片的化石，围岩沉积物的含量则相对较少。

化石故事：角齿鱼可能和现今存活于澳大利亚的澳洲肺鱼（*Neoceratodus*）有些相似。肺鱼体内大部分骨骼为软骨，它们自泥盆纪的鱼类如双鳍鱼等演化而来。肺鱼在水中可以正常用鳃呼吸，而在水面以外则可以临时用鳔作肺呼吸。依赖这一特殊技能，当水体干涸时，肺鱼能够潜伏在淤泥中，撑过一段时间。

噬人鲨 CARCHARODON

这是一枚噬人鲨的牙齿化石，呈扁平三角形，具有锋利的锯齿状边缘。很多鲨鱼牙齿具有侧尖，但噬人鲨没有。噬人鲨的骨骼极难保存为化石，通常发现的都只有它们的牙齿。

体型大小：此枚牙齿长约 5 厘米，是常见的噬人鲨牙齿大小，但也有记录显示最长的噬人鲨牙齿可达 15 厘米。

时空分布：广布于世界范围内新生代至今的地层中。

化石故事：此属中的现存种大白鲨（*Carcharodon carcharias*）体长可达 9 米，是大海中凶猛的捕食者，有时人类也会不幸成为牺牲品。图中牙齿所属的种更是可能达到 15 米长的巨大体型。

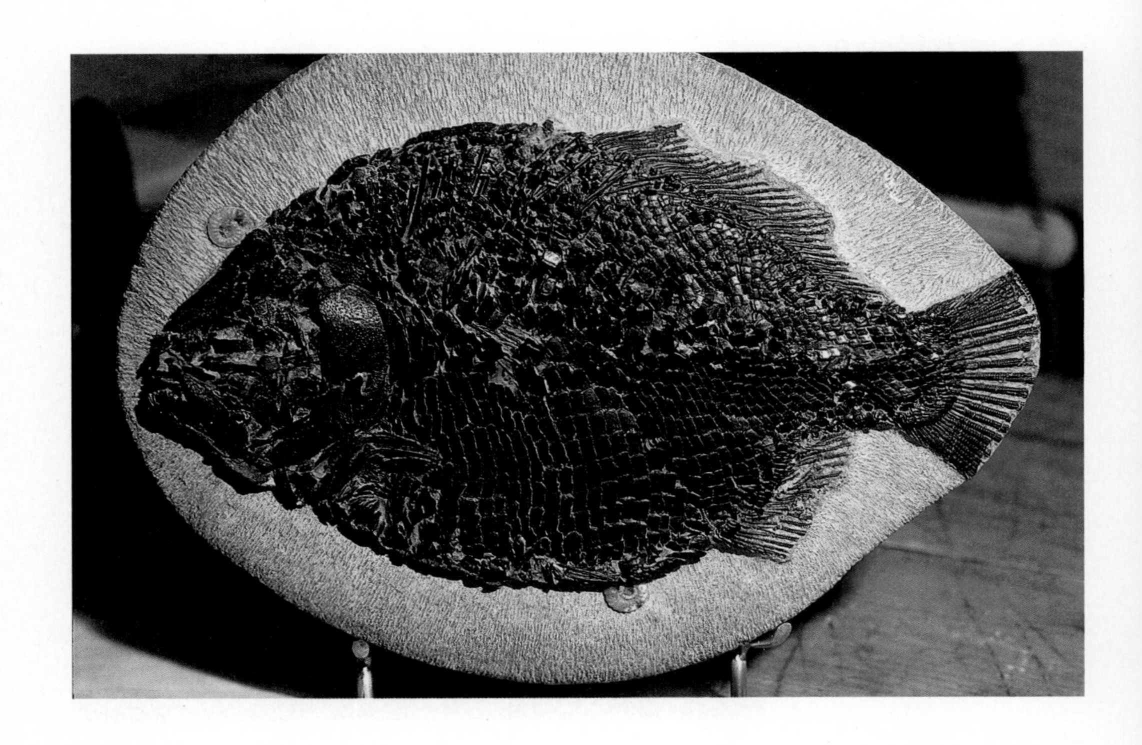

平齿鱼 DAPEDIUM

典型的平齿鱼轮廓为扁圆形，体表覆盖着厚厚的形似鳞片的骨板，以保护躯体。平齿鱼身体上的骨板为长方形，鳍和尾部另由长条形的骨板支撑。背鳍从背缘中点开始一直延伸到尾部，臀鳍的延伸长度约为背鳍的一半。平齿鱼口中长有无数细小的牙齿。

体型大小：体长可达 20 厘米。

时空分布：广布于世界范围内侏罗纪的地层中。图中化石发现于英国多塞特郡。

化石故事：平齿鱼生活在海洋中，与其伴生的常有菊石、双壳类和海百合。类似平齿鱼身披骨质铠甲的鱼类在侏罗纪时曾昙花一现，最终为身披鳞片更为进步的真骨鱼类所取代。

扁齿鱼　COCCODUS

扁齿鱼的身形纤长，前部呈椭圆形。头部较大，吻端尖而口裂长，牙齿呈压扁的半球形。扁齿鱼自头甲向后对称长有弯曲变尖的鳍条，背鳍也明显突出。

体型大小：体长可达 5 厘米。

时空分布：分布于欧洲和亚洲白垩纪的地层中。图中化石发现于黎巴嫩。

化石故事：很多发现化石鱼类的地点如今已成为远离海洋的干旱地带。来自中东的扁齿鱼和其他鱼类，与著名的美国怀俄明州绿河组（Green River formation）的鱼类一起，为古生物学家对地球古环境的重建提供了重要信息。

戈湖鱼 GOSIUTICHTHYS

戈湖鱼和很多现生鱼类已非常相似，是生活在淡水中的真骨鱼类。它的脊柱偏向于背侧，由无数纤细的肋骨支撑身体。保护头部的鳞片大于身体上披覆的鳞片，尾型为上下对称型。

体型大小：体长最长可达50厘米，大部分标本较短。

时空分布：分布于北美新生代的地层中。图中化石发现于美国怀俄明州绿河组。

化石故事：尽管仅发现于北美，但戈湖鱼的知名度相当高。戈湖鱼往往与大量其他生物一同保存为化石，标本常被世界各地爱好者收购。

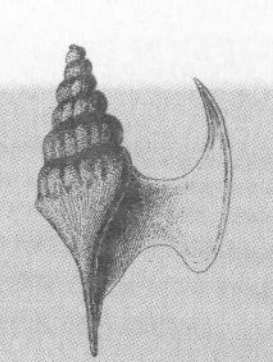

绿河组

在众多化石记录中，有些产地的化石保存得极为精美，美国落基山脉东部的绿河组地层就是其中一员。在始新世时，这片区域共有三个彼此分隔的湖泊盆地，分别位于怀俄明州西南部、犹他州中东部和科罗拉多州中西部。各种各样的鱼类畅游在湖泊之中，比如戈湖鱼、原头鲈鱼（*Priscacara*）、双棱鲱鱼（*Diplomystus*）和艾氏鱼（*Knightia*）。在当地细腻的石灰岩板中，这些鱼类化石被大量发现，推测原因可能是当时湖泊系统一次又一次的干旱导致鱼类的大量死亡。研究显示这些湖泊存在的时间跨度超过750万年，在如此漫长的时间里，潮湿与干旱的气候必然不断交替上演。湖泊沉积物中的孢粉记录显示，当气候温暖湿润的时候，湖泊附近生长着郁郁葱葱的植被。

艾氏鱼 KNIGHTIA

艾氏鱼和戈氏鱼有诸多相似之处，比如脊柱更加靠近背缘。艾氏鱼纤细的肋骨在脊柱下方弯曲向尾端，头部长有保护性的甲片，尾部则深分叉为上下对称的两叶。胸鳍位于头部附近，腹鳍和臀鳍在身体下方，三角形的背鳍则位于背缘中部。

体型大小：体长可达 25 厘米。

时空分布：存在于北美始新世的地层中。图中化石发现于美国怀俄明州绿河组。

化石故事：绿河组产出的鱼化石如艾氏鱼，往往保存稍有破碎，并不是十分完好，原因可能是在腐烂过程中身体被内部产生的气体撑破了。

鼠鲨 LAMNA

这枚牙齿来自较为常见的鲨鱼——鼠鲨（*Lamna*）。鼠鲨的嘴里长着多达4排的牙齿，这些牙齿表面光滑，偶尔带有纵纹，基部长有两个锋利的侧尖。

体型大小：图中牙齿长约5厘米，来自一个中等体型的鼠鲨个体。一般来说，鼠鲨的体型远远小于大白鲨。

时空分布：广布于世界范围内白垩纪至今的地层中。图中化石发现于摩洛哥。

化石故事：现生鼠鲨身长可达4米，一般生活在温带海域。它们以乌贼和各种鱼类为食，有时会在浅滩游弋。化石鼠鲨类很可能也有着相似的生活习性。

薄鳞鱼 LEPTOLEPIS

这种真骨鱼类有着向尾端逐渐变尖的躯体，背鳍位于中部。和其他真骨鱼类一样，薄鳞鱼的脊柱靠近背侧，尾部上下对称。它的头部相对较大，上面长着一对大眼睛。

体型大小：最长约10厘米的小型鱼类。

时空分布：分布于北美、亚洲、南非和欧洲三叠纪至白垩纪的地层中。图中化石发现于德国。

化石故事：德国著名的化石产地索伦霍芬产出了各种极为精美的化石标本，薄鳞鱼是常见的鱼类化石之一，它们往往大量集群保存在一块标本之上。索伦霍芬的化石层形成于条件恶劣的潟湖环境，包括薄鳞鱼在内的许多化石可能都经历过风暴的洗礼。

沧龙 MOSASAURUS

沧龙是一种形似蜥蜴的海生爬行动物，图中是它的一颗牙齿和部分脊柱。沧龙身体纤长，强壮的尾部适于游泳。它的四肢呈桨状，但很可能在游泳时并非用于提供动力，而是用于操纵方向。沧龙的头骨与现代巨蜥非常相似，这

种相似性甚至在一些极小的细节（如颌部一个关节）上都有所体现。沧龙的头部比较长，上下颌“武装”着尖牙利齿。

体型大小：整体可长达5—10米，图中的牙齿长5厘米。

时空分布：分布于北美及欧洲北部的白垩纪地层中，北美的大部分标本发现于堪萨斯州。

化石故事：作为生活在海洋里的“大蜥蜴”，沧龙可能以捕猎鱼类和其他脊椎动物为生。某一种沧龙还拥有扁平化的牙齿，可以用于压碎、取食贝壳等甲壳类动物。沧

龙的发现与命名还有着一段趣味横生的历史。早在1770年，人们在荷兰马斯特里赫特（Maastricht）附近一个石灰岩矿区发现了一些巨大的颌骨化石，但无人知晓这究竟是什么生物。多年之后，这些化石吸引了乔治·居维叶（George Cuvier）的目光，他是一位因运用比较解剖学原理来研究化石而享誉盛名的学者。将这些化石材料和现生动物进行详细对比之后，居维叶认为这些颌骨应当属于一种海生爬行动物。由于这些化石发现于默兹河（Meuse）流经的马斯特里赫特地区，它们便被命名为*Mosasaur*，中文译名为“沧龙”。与此同时，沧龙这一巨型生物的化石发现也支持了居维叶的大灭绝理论。

蛇颈龙 PLESIOSAURUS

蛇颈龙是一种化石保存较为普遍的海生爬行动物。它的躯体较宽，强壮的胸腔形成了牢固的支撑，右页图中即为其胸腔的一部分：黑色的页岩中保存着粗壮的肋骨和脊柱。蛇颈龙的脑袋很小，满嘴却长着锋利的牙齿，只要稍稍甩动它修长的脖子，便能凶猛地扑向猎物比如路过的鱼儿。它的四肢膨大且呈桨状，能够在游泳时提供动力。一项针对蛇颈龙肌肉系统的研究结果显示，蛇颈龙上下拍动桨状四肢的运动模式与使用翅膀潜泳为生的海鸟们颇为相似。与蛇颈龙长长的脖颈和桨状的四肢相配套的，是一根又短又粗的尾巴。

体型大小：体长可达12米。

时空分布：广布于世界范围内的侏罗纪和白垩纪地层中，保存最好的标本常发现于北美和欧洲。

化石故事：第一件蛇颈龙化石发现自英国多塞特郡的莱姆里吉斯（Lyme Regis），这一地区至今仍是这些海生爬行动物的经典产地之一。19世纪初，玛丽·安宁（Mary

Anning）在此地首次发现了这件标本，而她也正是因发现了大量不同的化石标本而闻名于世。

上龙　PLIOSAURUS

上龙由蛇颈龙演化而来，亲缘关系较近，但它们在诸多关键特征上仍有所差异。二者间差异最为明显之处便是脖子的长短：蛇颈龙的脖子很长，而脑袋很小；上龙则脖子较短，脑袋较大。上龙的牙齿巨大而圆钝，可能更适合研磨食物，而不是切割肉类。下页图为上龙的一枚脊椎，良好的保存状况使得其精细的骨质结构都纤毫毕现。

体型大小：体长可超过 10 米，澳大利亚曾发现一个超过 2.4 米长的上龙头骨。

时空分布：广布于世界范围内的侏罗纪地层中。

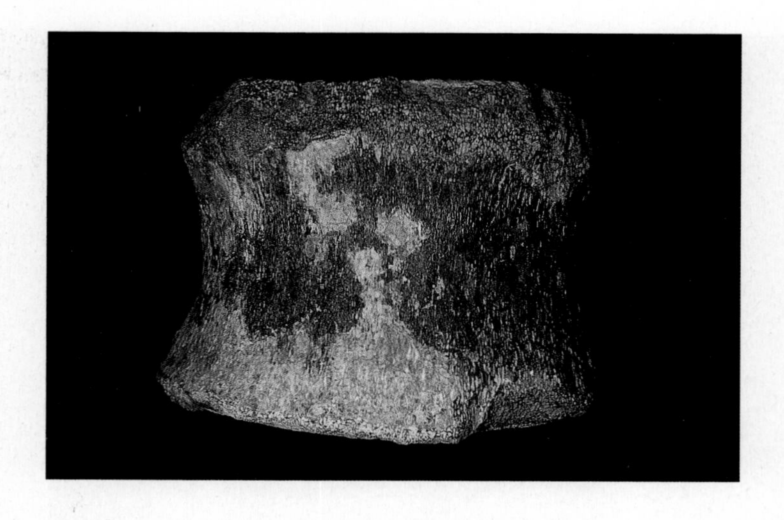

化石故事：上龙生活在深度较大的海洋水体中，拥有着孔武有力的身躯和尾巴。可能在一生中大部分时间里，它们都在四处捕猎菊石和鱼类等小型海洋动物。尽管上龙是一种爬行动物，但鉴于生活方式和猎食习性的相似，人们看到它往往就会想到现生的虎鲸。

鱼龙 ICHTHYOSAURUS

图中为一条鱼龙的颌部碎片和其他零散的骨骼。鱼龙的牙齿呈圆锥状，表面具有汇聚于顶端的沟纹结构。最常见的鱼龙化石往往是混在一起的肋骨和椎体。鱼龙的身体呈流线型，尾巴很大且纵向加长，下半部分为椎体所支撑，纵向高度可达上半部分的两倍。身体背部有一个巨大的背鳍，腹面则长着两对桨状的鳍足。鱼龙的颌部特化为喙状，大大的眼睛外包裹着一圈可能具有保护功能的小骨头。

体型大小：体长可达近 3 米。

时空分布：广布于世界范围内的三叠纪、侏罗纪和白垩纪地层中。

化石故事：如果说看到上龙就会想到现生的虎鲸，那

看到鱼龙我们就该想到现生的鼠海豚和海豚了。它们同为游泳健将，都以鱼类和头足类为食。在一条鱼龙的肚子里，人们曾经发现了 1500 多个头足动物的触手。鱼龙化石一般发现于页岩和其他海相岩层之中，往往还伴随着菊石和箭石一同被发现。

方胸龙 STEREOSTERNUM

方胸龙是一种小型的爬行动物，下页图中为一整具方胸龙的骨架。它的躯干和尾巴十分纤长，头部则呈修长的三角形，长着很多细小尖锐的牙齿，可能以食鱼为生。方胸龙的足部形似小桨，适宜于游泳，后足比前足大。

体型大小：体长可达约 1 米。

时空分布：分布于南美和南非的三叠纪地层中。

化石故事：方胸龙属于中龙类，具有悠久的研究历史。1864年，人们在南非发现了第一件方胸龙的化石。1886年，人们又在巴西发现了与这件化石形态相似的骨架。虽然现在南非和巴西所在的大陆之间远隔重洋，但大量证据显示在白垩纪之前，它们很可能彼此相连形成一块巨型大陆，名为冈瓦纳大陆。如果存在这块巨型大陆，那么巴西和南非当时的距离应当相当近。因此，在这两个地区都有发现的方胸龙化石证明了冈瓦纳大陆的存在，从而为板块漂移学说又添一项有力证据。

禽龙 IGUANODON

禽龙是一种身材敦实的恐龙，看上去可能还有点笨拙。一对庞大的后肢支撑起它沉重的身体，脚上还长着三个脚趾和形似蹄子的趾爪。庞大的尾巴和脖子能够在它移动时为其保持平衡。禽龙可能惯用后肢直立行走，偶尔也会四肢着地。禽龙的前肢上长有四根手指和一根刺状拇指，适宜于取食时抓取和撕碎植物。一开始这根“刺”可让科学家们费尽了脑筋，有人甚至把它安在了禽龙的鼻子上。禽龙的吻部较长，前端牙齿已经退化而由角质喙所代替，藏在口中的后端牙齿特化为适宜研磨植物。图中是一枚弧线形的禽龙尾椎和一枚趾节。

体型大小：身高约 10 米。

时空分布：分布于欧洲、北美和北非的白垩纪地层中。

化石故事：禽龙是最早发现的恐龙之一，它的发现过程本身就是个传奇。1825 年，吉迪恩·曼特尔（Gideon Mantell）首次命名了“禽龙”。他是一位医生，同时也是一位热切的业余古生物学家。1818 年的一天，曼特尔前往英国萨塞克斯郡的卡克菲尔德村（Cuckfield）探访一位病人。他的妻子与他同行，并在修公路的碎石上发现了一些化石牙齿。曼特尔认为这些牙齿应当属于一种大型的植食性动物，但在当地的白垩纪地层中从未发现过任何哺乳动物化石，而曼特尔对于植食性的爬行动物则一无所知。当时一些古生物学家们认为它们可能仅仅属于某种现生哺乳动物。曼特尔将它们展示给著名的法国古生物学家乔治·居维叶，居维叶告诉他这只是犀牛的牙齿而已。曼特尔在

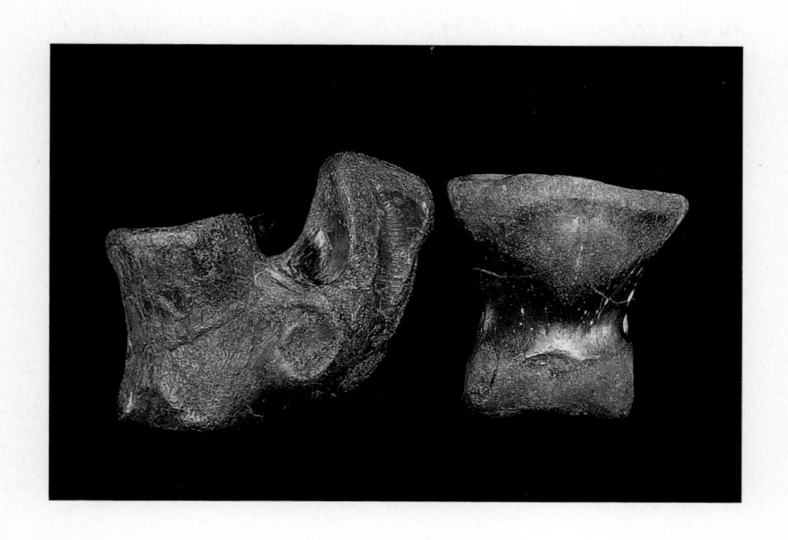

对发现牙齿的道旁碎石进行追索后，确定了它们的原始产地——一个采石场，并在此发现了包括著名的“刺状拇指”在内的骨骼材料。由此，他开始确信自己发现的东西非比寻常，居维叶可能错了。曼特尔在拜访了皇家外科医学院的博物馆以后，终于发现一种现生蜥蜴和他所发现的动物拥有非常相似的牙齿，于是他将这种动物命名为“禽龙”（*Iguanodon*），拉丁名意为“鬣蜥的牙齿”。1834年，曼特尔又获得了一具发现于英国肯特郡梅德斯通（Maidstone）地区较为完整的禽龙骨架。终其一生，曼特尔一共出版发表了60多本书和论文。除了禽龙这一传奇发现以外，1833年他还发现了第一条被科学描述的身披甲胄的恐龙——林龙（*Hylaeosaurus*）。

鳄鱼 CROCODILE

在形成化石之前，像鳄鱼这样的大型脊椎动物身体往往已经支离破碎了。右页上图表面粗糙的暗色化石是一块骨板，它是鳄鱼背部坚硬铠甲中的一部分。右页下图色调苍白的长形化石是鳄鱼颌部的一部分，可以清楚地看到齿槽。侏罗纪的鳄鱼有着修长的吻部，长满了尖锐的牙齿，用来吃鱼或其他猎物。它们的身体纤长，有着健壮的四肢，能行走于陆地之上。

体型大小：中生代的鳄鱼体长2—3米。在美国得克萨斯州，人们还曾发现超过2米长的鳄鱼头骨。

时空分布：化石较为常见，广布于世界各地的三叠纪、侏罗纪和白垩纪的海相或咸水沉积中。

化石故事：鳄鱼是恐龙的近亲，起源于三叠纪晚期。它们兴盛于侏罗纪，在白垩纪较为繁盛，拥有比现今更多的种类。在白垩纪末大灭绝中，恐龙和许多其他生物都消失殆尽，但很多鳄鱼却存活了下来。有关中生代鳄鱼的最

早科学描述之一是在20世纪30年代，由美国亚利桑那州的原住民纳瓦霍人（Navajo）所发现。

始祖鸟 ARCHAEOPTERYX

这件形似现生鸟类的化石有着狭长的鼻吻区和细小的牙齿。它的脖子纤细，非常像现生鸟类，但尾巴却更像爬行类，翅膀上还保留有指爪。它的骨骼缺乏鸟类标志性的中空结构，头骨上有较大的眼窝，脑也相对较大。它最像现生鸟类的地方在于翅膀和尾巴上生有羽毛，且几乎在所有已知标本中均有保存，仅有一件例外。

体型大小：始祖鸟的头骨与鸽子的差不多大，但整体

略大于鸽子。

时空分布：此珍贵化石仅发现于德国南部接近索伦霍芬的侏罗纪时期地层中。

化石故事：左页图中为一件著名始祖鸟化石模型，该化石馆藏于柏林自然历史博物馆。始祖鸟这一极为重要的化石物种仅发现了很少的标本。这些标本自发现起便造成了许多争议，讨论的硝烟弥漫至今。第一件始祖鸟标本发现于 1861 年，今天馆藏于伦敦的大英自然历史博物馆。1877 年人们发现了另一件保存更为完好的个体，其上还保存有头骨，此后直至 1951 年，人们才找到了第三件标本。由于这件标本没有保存羽毛，最初未被认定为始祖鸟，而是被命名为美颌龙（*Compsognathus*）——一种小型恐龙。1956 年人们又找到了一件头骨未能保存的始祖鸟标本，并从馆藏中又翻出了两件被鉴定成小型恐龙的标本，重新将它们归入始祖鸟之中。虽然始祖鸟的一些特征有点奇怪，但其无疑是爬行类和鸟类之间的过渡一环。

猛玛象　MAMMUTHUS

下页图中是猛犸象这种大型哺乳动物的颊侧牙齿。牙齿表面有着一系列高耸的嵴，非常适宜于研磨植物，是猛玛象身体中最常见保存成化石的部分。

体型大小：牙齿长 25 厘米，整体可高达 2.8 米左右。

时空分布：分布于欧洲、亚洲及北美洲的更新世地层中。

化石故事：哺乳类化石在新生代岩石中并不罕见。包含牙齿和一些零散骨骼的猛玛象化石，在河相沉积的沙、砾之中时常能找到。事实上，这些化石往往就发现于人们商业采集砂石的时候。猛玛象大概是冰河时期最有代表性的哺乳动物，有大量的骨头及牙齿保存在阿拉斯加和俄罗斯北部的冻原之中。在 18、19 世纪，极为完整的猛玛象开

始于西伯利亚被发现，尽管这些发现多半是为了搜刮象牙。这些化石极其完整，科学家甚至能发现并研究它们的胃容物。大约在 1 万年前的北美和 1.2 万年前的欧洲，猛玛象逐渐走上灭绝之路。它们是早期人类的猎物，也是创作雕刻或洞穴壁画时的描绘对象。

斑鬣狗 CROCUTA

右页图中的下颌骨来自一种穴居鬣狗，名为斑鬣狗。这种冰河时期的哺乳动物与现今的鬣狗相似，但更为结实壮硕，也许是为了适应更新世酷寒的气候。它们的颌部强而有力，具有粗壮的肌肉和牙齿，足以粉碎猛玛象和犀牛的大型骨头。它们可能以腐肉为主食，并过着逐水草而居的生活，追随着植食动物在苔原上穿行。

体型大小：图中的下颌长 15 厘米。

时空分布：发现于世界各地更新世时期的洞穴堆积、砾岩及其他沉积物中。

化石故事：该物种与洞熊几乎同时灭绝于末次冰期的鼎盛期。

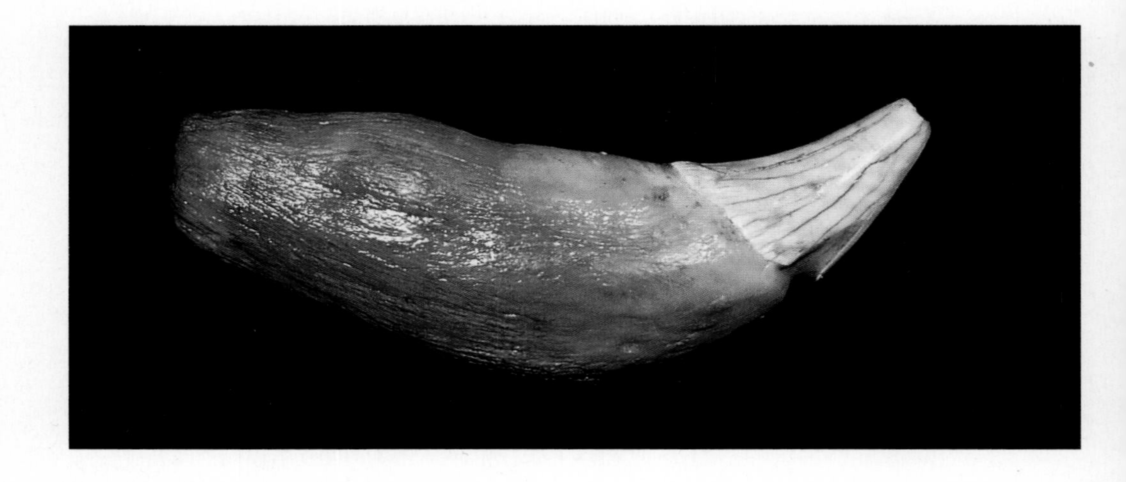

洞熊　URSUS[1]

图中标本是一颗洞熊的牙齿。这种大型哺乳动物在末次冰期时生活在冰川的边缘地带。在寒冷的季节里它们会冬眠于洞穴之中，甚至可能一年中大部分的时间里，它们都一小群一小群地居住在洞穴中。因此，在洞穴堆积里人们能找到大量这种动物的化石。它们的臼齿大多饱经磨损，说明至少在温暖的季节里，它们很可能以植物为食。

体型大小：图中的牙齿长3厘米。洞熊没有棕熊那么大，且头骨较为奇特，非常高且呈穹隆状。

时空分布：欧洲及北美的更新世洞穴堆积中。图中所示标本来自北美。

化石故事：洞熊虽然遭到人类猎杀，但对其整体数量并不构成威胁。末次冰川推进时与日俱增的酷寒耗尽了它们的食物来源，并最终导致其在更新世末次冰期中的灭绝。

露脊鲸　BALAENA

---

[1] 此处英文名标注*Ursus*为熊属，但内容描写对象为洞熊，故文中全部统一为洞熊。——译者注

这件奇形怪状的化石是一块鲸鱼的耳骨，这种鲸鱼称为露脊鲸。这块骨头外表圆钝，形似软体动物的外壳。鲸鱼起源于新生代，在大型海生爬行动物日渐式微之后，它们便取而代之，成了侏罗纪和白垩纪海洋中的掠食者。一些较小的鲸豚类如海豚，就和鱼龙有着惊人的相似性。

体型大小：图中的耳骨长 5 厘米。

时空分布：广泛分布于世界各地的新生代海相地层中。

化石故事：现生鲸鱼起源于新生代中期。一些早期种类如龙王鲸，则生存于始新世，体长可超过 20 米。

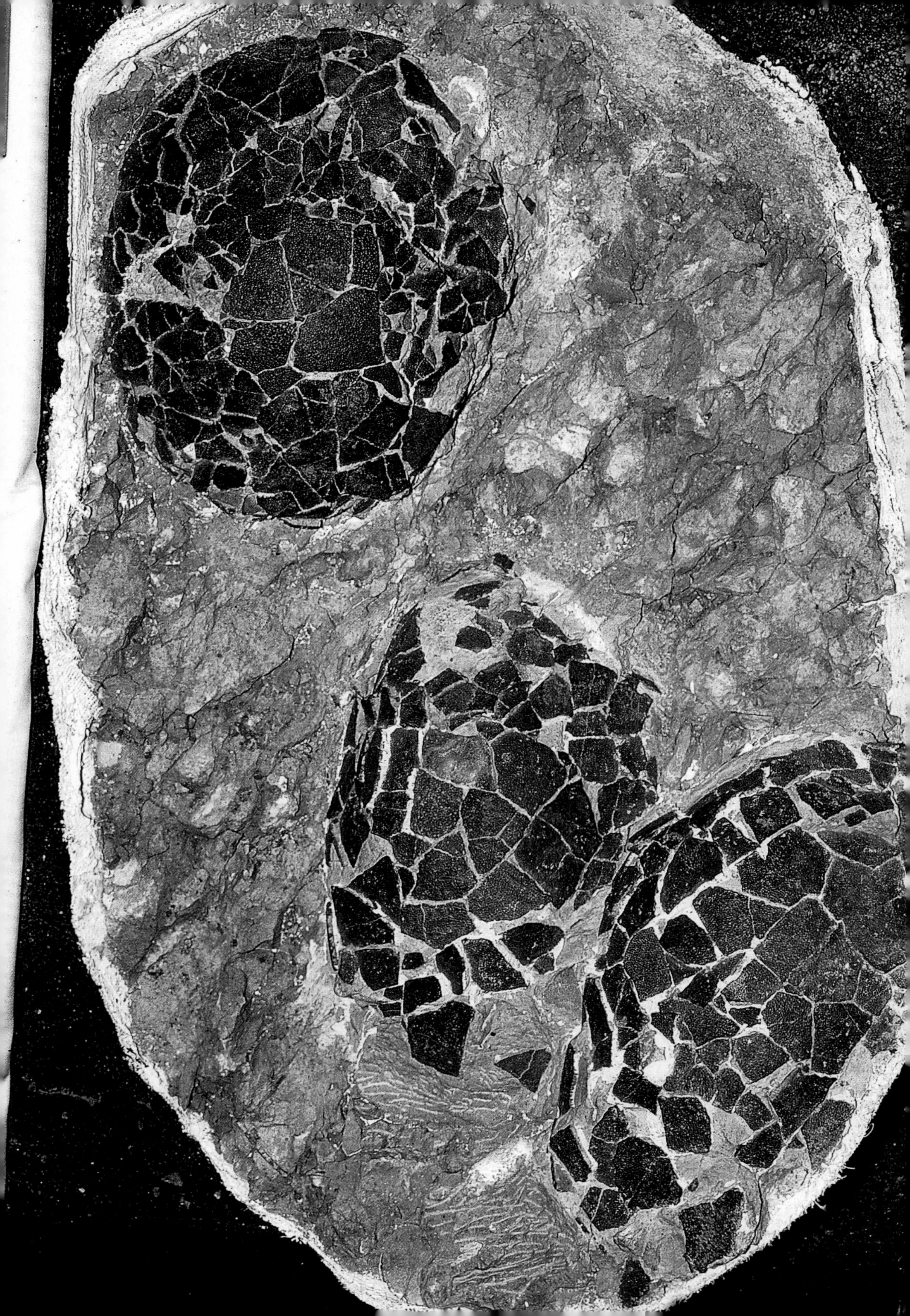

八　痕迹化石

痕迹化石，即“ichnofossil”（ichnos 在希腊语中是脚印的意思），指的是记录在岩石中的动物制造的潜穴、足迹和移迹、粪便以及脚印等痕迹，许多生物都曾留下这些生活的证据。对这些化石的研究能帮助古生物学家揭露留下这些痕迹的动物的生活模式。在某些情况下，一些动物只留下了痕迹，例如蠕虫那柔软的身体虽然无法形成化石，但它们挖出的潜穴（尤其当这些洞被沉积物填充时）就能保存下来形成化石。许多其他无脊椎动物也会在沉积物上挖洞，比如双壳软体动物笋螂（*Pholadomya*）、腕足动物如海豆芽（*Lingula*）以及一些节肢动物都会钻到海床的泥沙之下。沉积物上的足迹和移迹则可能是腹足动物、三叶虫或其他节肢动物所留下的。研究痕迹一个很大的问题是即便分析现代动物留下的潜穴或足迹，依然很难鉴定是什么生物产生了某一特定的痕迹化石，因此这些痕迹化石都有自己的学名，而不是直接用产生该痕迹的动物来命名。

产自蒙古白垩纪时期岩层中的恐龙蛋。近年有许多关于恐龙的筑巢和幼体新发现，例如发现有些种类的恐龙会在巢中下整窝的蛋，在美国发现了包含胚胎的恐龙蛋

生物留下的痕迹要形成化石，必须要在刚形成时就立刻被沉积物所填充。例如一个潜穴，除非被方解石之类的坚硬物质挡住，否则很容易崩塌，但若是有些泥沙被冲入其中的话，这个洞就能维持立体形态保存下来；而足迹、移迹和脚印同样要在被侵蚀消失之前就被沉积物覆盖，才有机会形成化石。这些痕迹化石在地层沿层位裂开时，就有可能被发现，包含真实的足迹或脚印所形成的印模在一

侧表面，而另一侧则是填充物形成的铸模。

恐龙脚印就是痕迹化石的著名代表之一，它们在世界的许多角落都有发现，有些是单独的脚印，也有些是成列的足迹。从这些脚印中我们可以得到恐龙的很多信息，包括体型、体重，还有行进速度。——以现生动物为出发点，人们可以设计出一套公式来计算速度与步伐长度之间的关系，根据这套公式人们反推出在美国得州找到的一种蜥脚类恐龙，移动速度为时速 3.6 公里，而澳大利亚的一种小型植食恐龙则以时速 15 公里跑过了一片泥泞地带。

克鲁兹迹 CRUZIANA

这个岩石表面所保存的印痕是条明显的爬行痕迹，一般认为是三叶虫所留下的。这种痕迹化石有许多平行的粗糙凹沟和隆起的小丘。

尺寸大小：图中的化石长度是 14 厘米。

时空分布：克鲁兹迹广布于全球的古生代和中生代岩

石中，图中的化石来自法国雷恩（Rennes）附近的奥陶纪地层。

化石故事：关于克鲁兹迹还有着许多争议，在比三叶虫发现记录更早以前的地层中也能看到非常类似的痕迹化石，因此有观点认为这种痕迹可能是别的生物所产生的，例如等足类（一种长得像鼠妇的生物）。有时在克鲁兹迹的周围能找到其他的叶状痕迹化石，称为皱饰迹（*Rusophycus*），它也可能是三叶虫或其他生物在柔软的海床泥地上留下的痕迹。

海生迹 THALASSINOIDES

图中这些深色的痕迹是被填充后的潜穴，可能是海生甲壳类动物留下的。当地层分开时，痕迹化石在一侧会有一个突起的铸模，另一侧则有个凹陷的痕迹。这种化石源自分叉的潜穴，常可见到 Y 字形构造。

尺寸大小：图中视野全长 15 厘米。

时空分布：海生迹广布于全球侏罗纪时代的岩石中，图中的化石来自英国的北约克郡。

化石故事：有证据显示这种痕迹化石可能是海生节肢动物雕虾所产生的。海生迹的潜穴在沉积面之下且与之平行，而非垂直伸入泥土中。

石蛭类和多毛类蠕虫的潜穴 LITHOPHAGA BURROWS AND POLYCHAETE WORM BURROWS

图中的标本包含两种不同的痕迹化石，浅色的圆形痕迹是双壳类软体动物石蛭（*Lithophaga*）所产生的潜穴，这种生物可以钻进侏罗纪海床上坚硬的石灰岩中（图中的深色岩石）；细管状潜穴则是多毛类蠕虫产生的。

尺寸大小：圆形的石蛭类潜穴直径大约 1 厘米。

时空分布：广布于全球的侏罗纪时代地层，图中的化石来自英国萨默塞特郡的门迪普丘陵（Mendip Hills）。

化石故事：这件标本非常奇特，包含了两个时代的岩石。下半部的深色岩石是石炭纪的石灰岩，而填充在潜穴中的浅色物质是侏罗纪时代的石灰岩。潜穴产生的表面是个“不整合面”，二者之间有着超过1.5亿年的时空间隔。这段时间内的岩石可能沉积过后遭到了侵蚀，因此失去了这段时间的具体地质记录，形成了不整合。

轮介虫 ROTULARIA

这种痕迹化石可能会被误认为腹足动物的外壳，但其实是蠕虫的潜穴。这些化石有着螺旋的钙质构造，在风化的沉积物中形成。

尺寸大小：直径约为1.5厘米。

时空分布：广布于全球的新生代地层中，图中的化石来自英国萨塞克斯郡的始新世岩石中。

化石故事：轮介虫挖出的潜穴形成的痕迹化石如图所示。这是一种海生的蠕虫，常被归为多毛类蠕虫（scale

worms）、刚毛类蠕虫（bristle worms）或沙虫（ragworms），这些蠕虫现今都栖息在浅海环境中。轮介虫的痕迹化石得以保存，全要仰赖这种蠕虫会用碳酸钙来强化自己的潜穴。

恐龙脚印 DINOSAUR FOOTPRINT

从上图这个三趾的脚印上可以看到纤细的脚趾，其中两趾似乎比第三趾长，除了这个脚印外并没有发现恐龙本身的化石。这组化石是由堆积物填充到原始的脚印中保存而成，当沉积面裂开时，这些原始的印痕就会显露出来。根据研究显示，即使是相同的动物也会制造出不同形状的脚印，这取决于它是一脚陷入稀泥还是踏在干土上，所以不同形状的脚印可能会由一种动物所产生。

尺寸大小：该脚印长 10 厘米。

时空分布：此件标本发现于在英国北约克郡的侏罗纪地层，恐龙脚印在全球许多地方的中生代岩石中都很常见。

化石故事：这个脚印接续着许多其他脚印，形成了成列的足迹，而许多不同恐龙在同一地点留下了不同的脚印，则代表该处当时应当是一个适宜的栖息地。化石发现地是一处冲积平原，当时有着沼泽和茂密的植被，即便如此却没有找到任何踩下这些脚印的恐龙的骨骼化石。借助这些脚印，我们能通过对比现代动物的相关数据来推断脚印主人的体型和身体结构。

粪化石　COPROLITE

粪化石就是粪便形成的化石，图中的化石就是海龟所留下的粪便。其褐色的外观源自表面的氧化铁。

尺寸大小：此件标本长约 3 厘米，曾发现过更大的标本。粪便颗粒一般比较小，大多来自鱼类或无脊椎动物。

时空分布：图中的粪化石来自美国的始新世岩石中，

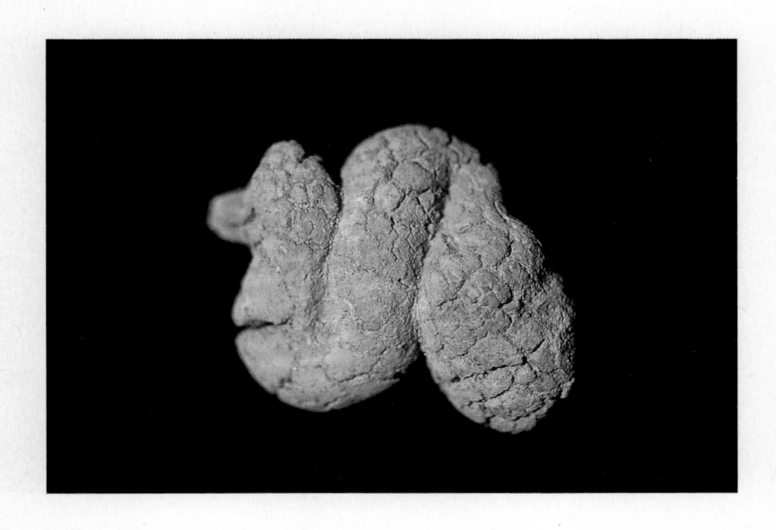

粪化石和粪便颗粒在全球古生代至今的岩层中都很常见。

化石故事：这些化石能给出关于化石主人食性和消化系统的许多信息，有些还能从中找到鱼鳞、昆虫附肢或外壳、椎骨、软体动物的壳体或植物碎片等食物残渣。

针管迹 SKOLITHUS

峭壁表面又细又白的痕迹是被填充后的海生蠕虫潜穴。被钻孔的是粉红色的石英岩，而填充进去的是浅白色的石英岩，因此这个痕迹非常显眼。另一张图则展示了层位顶面的一块岩石标本。

尺寸大小：每一个潜穴大约有 1 厘米宽。

时空分布：这种潜穴化石在全球各地各个时代的岩层中都很常见，图中的化石来自苏格兰萨瑟兰（Sutherland）地区的寒武纪地层中。

化石故事：产生这些潜穴的海生蠕虫身体柔软，基本上没有机会形成化石。如今泥泞的潮间带中也有很多蠕虫，我们可以借助退潮时它们在泥滩上留下的铸模来锁定这些

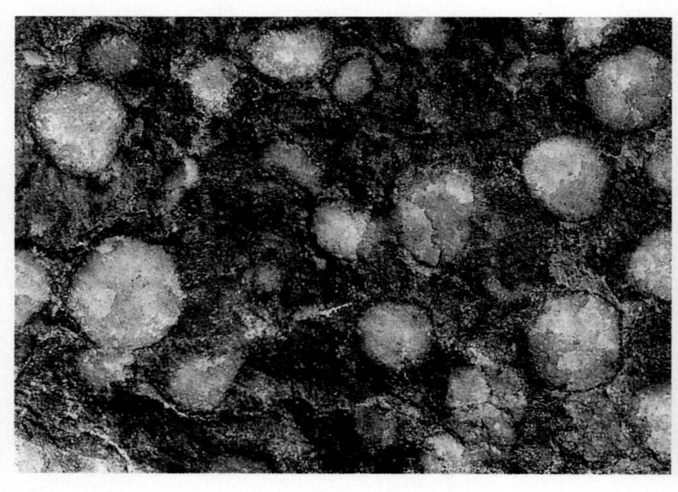

潜穴的位置，而制造这些潜穴的沙子可能形成于大陆架边缘的浅海环境中。

管形迹 SKOLICIA

这种痕迹化石有着细长而弯曲的嵴，有些还有明显的尖冠。这些冠上，模糊的“肋”延伸向下。

尺寸大小：上图中标本全长 25 厘米。

时空分布：此种形态的化石从古生代一直延续至今，图中的化石来自英国约克郡的石炭纪地层中。

化石故事：这种痕迹化石可能是一种海生腹足类动物移动留下的小径，它在海床上行走时留下了蜿蜒的凹陷，随后被泥土所填充而保存至今。

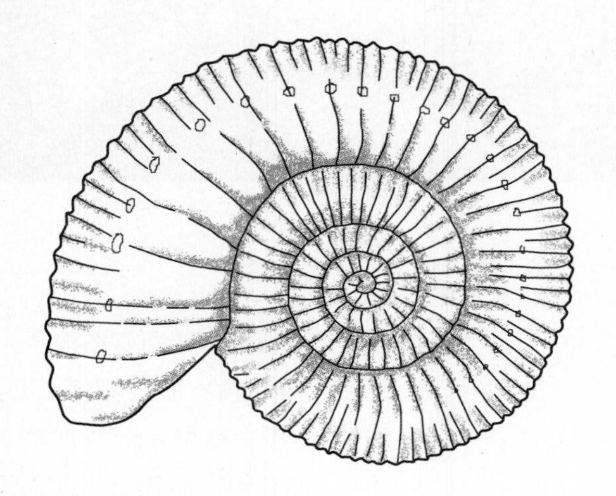

术语表

内收肌 (adductor muscles) 一套用于闭合腕足纲贝壳的肌肉。

琥珀 (amber) 一种天然形成的矿物，由硬化的树脂形成。

步带 (Ambulacra，单数：ambulacrum) 海胆类动物体壳上成列的板状构造。在一般的海胆上，步带是环绕体壳的带状结构；而在特殊的海胆中则可能相对不发达或是呈瓣状。

有铰纲 (articulata) 腕足动物的一个类别，这类动物能稍微张开它们的贝壳瓣。

萎缩 (atrophied) 缩短或不发达。

层理 (bedding) 沉积岩中的分层。

海底的 (benthonic) 在海床上的。

分叉 (bifurcate) 分开成两部分，例如菊石的壳上的隆起有时就会分叉。

两侧 (bilateral) 由相近或相同的两半对称。

足丝 (byssus) 某些双壳类软体动物用来固定自己的丝状结构。

方解石 (calcite) 碳酸钙所形成的矿物质。许多生物体会分泌这种矿物质来组成它们的外壳或骨骼，也是石灰岩的主要成分。

珊瑚杯 (calice) 在珊瑚顶部的中空结构，珊瑚虫栖息在其中。

甲壳 (carapace) 节肢动物的外骨骼。

铸模化石 (cast) 生物体的印痕受到沉积物充填后产生的复制品。

白垩 (chalk) 一种颗粒细小的石灰岩，由微体海洋生物的方解石外壳所组成。

燧石 (chert) 一种硅质的坚硬岩石，常见于结核或在石灰岩中的离散分布。

几丁质 (chitin) 节肢动物甲壳中的坚硬角质结构，也见于其他许多生物中。

解理 (cleavage) 指板岩的平行面，在岩石经历变质时矿物定向排列所产生。

珊瑚石 (corallite) 珊瑚的单体结构，有时大量珊瑚石会集合成一个集群。

地壳 (crust) 地球表面坚硬、岩石状的层面。在海洋盆地比较薄 (8 公里厚)，而在大陆区域则厚得多 (50 公里厚)。

背侧 (dorsal) 指生物体的“背”面，反义词是腹侧 (ventral)。

代 (era) 一段非常长的地质时间，还可再被细分为“纪”(periods)。

侵蚀作用 (erosion) 通过冲刷带走来移除或破坏地球表面的沉积物，造成这种现象的原因包括河流、冰川以及海洋。

外旋 (evolute) 描述一种头足类动物外壳的螺旋状态，这种贝壳的螺纹仅覆盖些许表面。

外骨骼 (exoskeleton) 一种包覆在外的骨骼，如节肢动物的甲壳就是它们的外骨骼。

黑燧石 (flint) 一种由微晶二氧化硅形成的燧石，通常在白垩中以成列分散结核的形式存在。

有孔虫 (Foraminifera) 一种单细胞海生生物，归类为原生动物的一种。

冈瓦纳大陆 (Gondwanaland) 一个存在于古生代与中生代的巨型远古大陆，分裂后形成今日的澳大利亚、印度、南极洲、非洲及南美洲。

生长线 (growth lines) 在贝壳上的线条，标示出过去贝壳的边缘位置。

赤铁矿 (hematite) 一种由氧化铁构成的矿物，大多呈现红色且能取代化石的原生物质。

铰合线 (hinge line) 腕足动物或双壳软体动物贝壳边缘上承担打开贝壳机能的位置。

化石足迹学 (ichnology) 研究足迹化石的学问。

间冰期 (interglacial) 在两个冰河时期达到巅峰之间的期间。

无脊椎动物 (invertebrate) 没有内部骨骼的动物。

内旋 (involute) 描述一种头足类动物外壳的螺旋状态，这种贝壳的螺纹覆盖大部分表面。

石灰岩 (limestone) 一种主要由碳酸钙组成的石灰岩，其中也可能包含少许黏土、石英及其他矿物，且常含有化石。

石松 (lycopods) 一类原始植物，英文又称作clubmosses。

云母 (mica) 一种硅酸钙矿物，质地柔软呈片状，见于火成岩及变质岩中。

单板纲 (Monoplacophora) 软体动物门的一个原始类别，此纲动物仅有一瓣贝壳。

模化石 (mould) 生物体在沉积物上残留的印痕，这一印痕有时也会被填充形成铸模化石 (cast)。

结核 (nodule) 一种圆形或不规则形的石头，一般直径仅有几厘米，且常与化石一起发现。结核在许多沉积岩中很常见，尤其是在页岩或黏土中。

鲕粒 (oolith) 一种小而圆润的沉积颗粒，大多由方解石组成。鲕粒有着同心、层状结构，并组成鲕粒灰岩。

古地理 (palaeogeography) 地球上遥远往昔的地理情况。

五边形体 (pentameral) 有五个边，就像许多普通海胆的体壳都是五边形对称的。

纪 (period) 地质时间上一个主要的间隔，许多的纪会组成“代”(eras)。

透水 (permeable) 指水或一些其他液体可透过一些裂缝或碎裂处通过。

门 (phylum) 由许多特征相近的生物体所组成的类别，往下还可再细分成“属”跟“种”。

浮游的 (planktonic) 非常接近海洋表面的。

珊瑚虫 (polyp) 躯体柔软的海洋动物，能分泌出珊瑚。

多孔的 (porous) 有许多小洞可以让液体渗透。

黄铁矿 (pyrite) 一种由硫化铁组成的矿物。沉积岩中的结核还有化石常是由黄铁矿组成的。

石英 (quartz) 一种极为常见的氧化矿物，由氧化硅组成，能在石化过程中置换原有物质。

堡礁 (reef) 丘状沉积物，顶部通常接近海面。

隔板 (septum，**单数** :septa) 在软体动物贝壳或是珊瑚中的内部分隔。

页岩 (shale) 颗粒细小的沉积岩，源自泥土。

地层 (stratum，**单数** :strata) 一片或一层沉积岩。

系 (System) 一个纪 (period) 的地质时间所形成的岩石。

体壳 (test) 外部的壳，特指海胆的构造。

胸 (thorax) 某些生物体身体中心的部分，介于头部和腹部之间。

脐孔 (umbilicus) 螺旋贝壳中位于中心的构造。

壳顶 (umbo) 腕足或双壳软体动物的贝壳上尖锐或呈喙状的部分。

腹侧 (ventral) 指生物体底下的面，反义词是背侧 (dorsal)。

螺纹 (whorl) 贝壳上的一条螺旋线，在某些头足类动物和腹足类动物中可见。

带 (zone) 一套短而精确的地质时间。纪 (periods) 是由许多的带组成，每一带的时间可能不超过 100 万年。

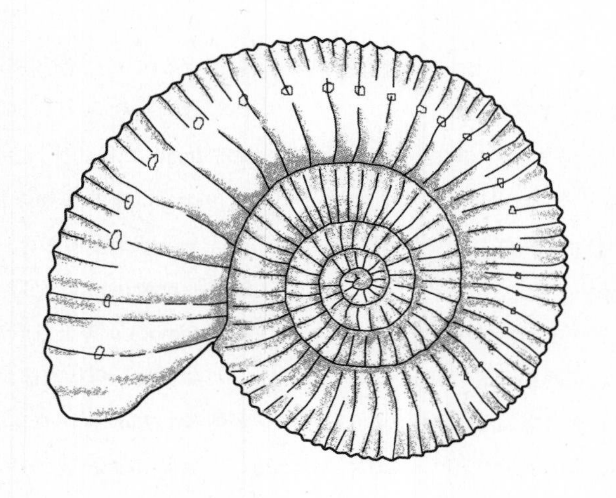

延伸阅读

以下推荐的阅读资料虽非详尽无遗，但将有助于读者了解和探索本书中的材料和研究观点。

图书和文章

Barthel, K.W., N.M.H. Swinburn and Morris S. Conway, *Solnhofen, a Study in Mesozoic Palaeontology*, Cambridge University Press, 1990.

Benton, M.J., *Vertebrate Palaeontology*, Chapman Hall, London, 1995.

British Museum, Natural History, *British Palaeozoic Fossils*, British Museum, London, 1995.

British Museum, Natural History, *British Mesozoic Fossils*, British Museum, London, 1995.

British Museum, Natural History, *British Cenozoic Fossils*, British Museum, London, 1995.

Bromley, R., *Trace Fossils*, Chapman Hall, London, 1995.

Donovan, S.K., *The Process of Fossilisation*, Belhaven Press, London, 1990.

Fastovsky, D. & D. Weishampel, *The Evolution and Extinction of the Dinosaurs*, Cambridge University Press, 2005.

Gould, S.J., *Wonderful Life, The Burgess Shale and the Nature of History*, Norton, New York, 1989.

Gradstein, F., J. Ogg and A. Smith, *A Geologic Time Scale*, Cambridge, 2005.

Kenrick, P. and P. Davis, *Fossil Plants*, Natural History Museum, London, 2004.

Moore, M.C., *Treatise on Invertebrate Palaeontology*, University of Kansas, 1953 onwards.

Morton, J.E., *Molluscs*, Hutchinson, London, 1967.

Murray, J.W., *Atlas of Invertebrate Macrofossils*, Longman, Harlow, 1985.

Norman. D., *Illustrated Encyclopedia of Dinosaurs*, Salamander, London, 1985.

Pellant, C., Rocks, *Minerals and Fossils of the World*, Pan Books, London, 1990.

Rudwick, M.J.S., *Living and Fossil Brachiopods*, Hutchinson, London, 1970.

Walker, C., and D. Ward, *Smithsonian Handbooks, Fossils*, Dorling Kindersley, London, 2001.

Whitten, D.G.A., & J.R.V. Brooks, *The Penguin Dictionary of Geology*, London, 1990.

网站

互联网上有很多化石和古生物的信息，但是有些是不可靠的，使用需谨慎。使用搜索引擎并输入化石或地名，通常可以找到一些细节。下面列出了有用的网站，当然还有许多其他网站。

www.discoveringfossils.co.uk

www.ukfossils.co.uk

www.nhm.ac.uk/interactive/urml（英国伦敦自然历史博物馆官网）

www.geolsoc.org（英国伦敦地质学会官网）

www.sedgwickmuseum.org（英国剑桥塞奇威克博物馆官网）

www.nationmaster.com/encyclopedia/list-of-u.s.-state-fossils

www.si.edu（美国华盛顿特区史密森学会官网，该机构是拥有世界上最好化石收藏的机构之一）

www.fieldmuseum.org（美国康涅狄格州菲尔德博物馆官网，此馆拥有全世界最完整的霸王龙骨架）

致 谢

这本书的策划、照相和撰写受到许多人的帮助。我们首先要感谢乔·亨明（Jo Hemming）最先为我们起了书名，还要感谢斯特凡尼·布朗（Steffanie Brown）及詹姆斯·帕里（James Parry）的编辑工作。亨利·拉塞尔（Henry Russell）悉心校对我们的文稿、批注并给出许多实用的建议。同时我们也很感谢惠特比小镇的锡德·韦瑟里尔（Sid Weatherill）让我们能自由对他们的化石收藏拍照。“化石指南网”（Fossils Direct）的马丁·里格比（Martin Rigby）及其妻子马莉（Mary）也给了我们最热烈的欢迎并允许我们对化石拍照，这里绝对是全英国最棒的私人化石收藏室之一！